徹底攻略

[AZ-900]対応
第2版

Microsoft
Azure
Fundamentals
教科書

著 横山哲也

インプレス

本書は、「AZ-900: Microsoft Azure Fundamentals」の受験対策用の教材です。著者、株式会社インプレスは、本書の使用による「AZ-900: Microsoft Azure Fundamentals」への合格を一切保証しません。
本書の記述は、著者、株式会社インプレスの見解に基づいており、Microsoft Corporation、日本マイクロソフト株式会社、およびその関連会社とは一切の関係がありません。

本書の内容については正確な記述につとめましたが、著者、株式会社インプレスは本書の内容に基づくいかなる試験の結果にも一切責任を負いません。

本文中の製品名およびサービス名は、一般に開発メーカーおよびサービス提供元の商標または登録商標です。なお、本文中には ™、®、© は明記していません。

インプレスの書籍ホームページ

書籍の新刊や正誤表など最新情報を随時更新しております。

https://book.impress.co.jp/

まえがき

　クラウドサービスが一般的になり、多くの企業でサーバー構築のための最初の選択肢になりました。新たにシステムを構築する場合でも、既存のシステムを置き換える場合でも、まずクラウドを検討し、どうしてもクラウドで実現できないところをオンプレミスで補完するケースが多くなっています。

　ITベンダーが顧客にクラウドを提案するだけでなく、顧客の側がクラウドを希望することも多いようです。そのため、ITベンダーの技術者はもちろん、営業担当者や管理職の方、一般企業のIT部門担当者など、ITにかかわるすべての人にクラウドの知識が必要になっています。

　広く一般向けに提供されているクラウド（パブリッククラウド）の代表格がAmazon Web Services（AWS）とMicrosoft Azureです（本書では原則として単にAzureと表記します）。市場シェアとしてはAWSのほうが大きいのですが、Azureの採用も増えています。

　本書は、Azureの知識を問う基礎資格「AZ-900: Microsoft Azure Fundamentals」についての参考書です。この資格は、Azureにかかわるあらゆる人を対象としています。営業担当者や管理職の方には少々技術レベルが高いと感じるかもしれませんが、マイクロソフトとしてはクラウドにかかわるすべての人に、一定の技術知識を持ってほしいと考えているようです。

　そのため、単に試験合格のための参考書とするのではなく、ビジネスの現場で技術者にも非技術者にも役立つ書籍とすることを目指して執筆しました。

　なお、初期のAZ-900試験は専門的な内容もかなり含まれていましたが、その後の試験内容の改訂で技術的に高度な部分は大幅に削除されています。非技術者の方も、ぜひチャレンジしてください。

　また、筆者はマイクロソフト認定トレーナー（MCT）として「AZ-900: Microsoft Azure Fundamentals」対応の研修を提供しています。本書では、研修での経験をもとに、つまずきやすいポイントや質問の多い項目には特に詳しい解説を付けるようにしました。現場での知見は、必ず皆さんの学習の助けになるはずです。

　本書の出版にあたり、筆者の勤務先であるトレノケート株式会社テクニカルトレーニング第4チームリーダーの多田博一氏には、執筆作業に対して多大な配慮をしていただきました。また模擬試験の作成には同僚の加藤由利子氏に協力いただきました。ただし、本書の執筆自体は個人的な活動であり、内容についても勤務先とは無関係であることをお断りしておきます。

2024年5月
著者 横山 哲也

3

■ Microsoft Azure とは

「AZ-900: Microsoft Azure Fundamentals」の学習を始める前に、Microsoft Azure の概要について紹介しておきましょう。

Microsoft Azure(以下 Azure)は、マイクロソフトが提供するクラウドサービスで、仮想マシンを中心とした IaaS (Infrastructure as a Service) 機能と、アプリケーションプラットフォームとしての PaaS (Platform as a Service) 機能を提供します (IaaS と PaaS の定義は第 3 章を参照してください)。

Azure の名前が最初に披露されたのは 2008 年でした。この時点では .NET をベースとした PaaS 機能のみを提供していました。PaaS はサーバー OS を意識しなくてよいので、開発者からは高い評価を受けました。

しかし、既存システムの顧客から「もっと単純な仮想マシンがほしい」という要望が出てきました。そこで段階的な改良を経て、2014 年にリニューアルしたのが現在の Azure です。

また、リニューアルに伴い「Windows と Linux を同じようにサポートする」という決断が行われました。この決定自体は当時の CEO だったスティーブ・バルマー氏が下したものですが、Azure リニューアル直前にバルマー氏は引退し、CEO をサティア・ナデラ氏に引き継ぎました。必ずしも Linux に好意的ではなかった過去のイメージを一新する効果も狙ったのでしょう。

2019 年 9 月には「Azure 仮想マシンの約半分で Linux が稼動している」という記事もありました (Azure の責任者であるスコット・ガスリー氏のインタビュー)。また、PostgreSQL や MySQL などのオープンソースソフトウェアのサポートも強化されており、「マイクロソフトといえば Windows」という図式は完全に過去のものとなりました。

現在、Azure は IaaS/PaaS ともに継続的な機能強化が行われており、業界 2 位の地位を維持しています (1 位は AWS:Amazon Web Services)。

《Azureとクラウドについての関連年表》

2006 年 3 月 14 日	Amazon Web Services（AWS）創業
2008 年 10 月 27 日	Windows Azure 発表
2010 年 2 月 1 日	Windows Azure 正式スタート
2014 年 2 月 4 日	マイクロソフト CEO が、スティーブ・バルマー氏からサティア・ナデラ氏に交代
2014 年 3 月 25 日	Microsoft Azure に改称

■ Azure 関連の MCP 試験

　マイクロソフトは、エンジニアの技術スキルを認定するために「マイクロソフト
認定プログラム（MCP）」を提供しています。ここでは、MCP 試験を申し込む前に
必要な作業について説明します。

　マイクロソフト認定プログラム（Microsoft Certifications Program：MCP）は
何度かリニューアルされています。現在有効な資格はアルファベット 2 文字と 3 桁
の数字の試験コードを持ちます（例：AZ-900）。

　認定資格は以下の 4 種類が存在します。

- **Fundamentals**…基礎
- **Associate**…2 年程度の職歴
- **Expert**…2 〜 5 年の技術経験
- **Specialty**…特定の技術分野に限定した認定

　Fundamentals は基礎的な知識のみを認定します。また、Associate と Expert
は「ロール（役割）ベースの認定資格」と呼ばれ、エンジニアの役割に応じた総合
的な知識とスキルを認定します。また、Specialty は特定の技術分野に対する知識
とスキルを認定します。

　本書が扱う「Microsoft Azure Fundamentals」を含む Azure 分野の場合は、次ペー
ジの図のようになります。MCP は、1 つの試験に合格するだけで取得できる資格
もあれば、複数の試験に合格する必要がある資格もあります。試験と資格が 1 対 1
に対応しているわけではないので注意してください。また、前提となる認定資格を
必要とするものもあります。

《マイクロソフト認定プログラム（MCP）》

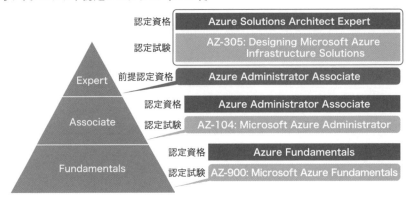

● Azure Fundamentals

Azure の基礎知識を認定する資格です。AZ-900 試験合格で取得できます。本書ではこの試験を扱います。

● Azure Administrator Associate

Azure の基本的な管理作業を行う能力を認定する資格です。「指示どおりにできる」ことを目標とします。AZ-104 試験合格で取得できます。

● Azure Solutions Architect Expert

Azure を使ったシステム設計を行う能力を認定する資格です。「システム全体の設計ができる」ことを目標とします。AZ-305 試験合格に加えて、Azure Administrator Associate の認定資格が必要です。

MCP は、当初「マイクロソフト認定プロフェッショナル（Microsoft Certified Professional）」と呼ばれていました。2013 年からは「マイクロソフト認定プログラム（Microsoft Certifications Program）」となっています。略称は同じ MCP で、実質的な意味は変わっていません。

■ Azure 関連 MCP 試験のリニューアル

　MCP 試験は、不定期に内容が見直されます。ときには大幅な変更も行われますが、試験番号が同じ場合は、取得済みの認定資格には影響ありません。本書は、執筆時点の最新である 2024 年 1 月 23 日に改訂された試験範囲に基づいて構成されています。過去 1 年ほどは大きな変更はなく、当分は大きな変更もないと思われますが、実際に受験する前には以下のサイトを参照して、最新情報を確認することをおすすめします。変更履歴も記載されているので、今後変更があった場合の参考にしてください（ブラウザーの種類や構成によっては正しく表示されない可能性があります）。

https://learn.microsoft.com/ja-jp/certifications/resources/study-guides/az-900

■ AZ-900 試験の概要

　AZ-900 は、Microsoft Azure Fundamentals 資格を取得するための試験です。本資格を取得することで、クラウドの概念を理解し、Azure が提供するサービスの機能と利用目的を知っていることを客観的に証明できます。

　出題範囲には、Azure が提供するサービスの概要のほか、特定のベンダーに依存しないクラウドの性質なども含まれます。そのため、これからクラウドを学習しようという方に最適な試験となっています。

　以下に、AZ-900 試験の概要を示します。ただし、問題数に明確な規定はありません。

- 所要時間
  - 試験時間：45 分（途中終了可）
  - 試験説明と試験規定の同意：最大 20 分
- 問題数：35 〜 40 問程度
- 合格ライン：70%
- 前提条件：なし
- 実施会社：ピアソン VUE
- 受験料：12,500 円（税別。ピアソン VUE から直接購入した場合）
- 実施場所
  - ローカルテストセンター（ピアソン VUE と契約したテストセンター）
  - オンライン（インターネット接続された PC から受験）

オンライン受験が可能な部屋には多くの条件があります。詳しくは以下を参照してください。本書ではテストセンターでの受験について説明します。

- Pearson VUE によるオンライン試験について
  https://learn.microsoft.com/ja-jp/certifications/online-exams

なお、試験時間や価格等の最新情報は公式サイトで確認してください。

- Microsoft 資格情報
  https://learn.microsoft.com/ja-jp/credentials/

■ AZ-900 の試験範囲

AZ-900 の試験範囲は以下のとおりです (2024 年 1 月 23 日改訂)。

- **クラウドの概念について説明する（25 ～ 30%）**…本書の第 1 章～第 3 章
- **Azure のアーキテクチャとサービスについて説明する（35 ～ 40%）**…本書の第 4 章～第 10 章
- **Azure の管理とガバナンスについて説明する（30 ～ 35%）**…本書の第 11 章～第 13 章

パーセンテージは出題比率です。ただし、1 問が複数分野にまたがることがあります。また、出題範囲で示した具体例以外からの問題が出る可能性もあると明記されています。さすがに出題範囲を完全に逸脱することはありませんが、「たとえば○○、××、△△を含む」と書いてあった場合、○○でも ×× でも△△でもない内容が出題される可能性はあります。本書では、試験範囲の具体例として明記されていない場合でも、重要な概念やサービスについては積極的に取り上げています。

出題範囲を見ると「クラウドの概念について説明する」が最大 30% と、かなり大きな比率になっていることがわかります。クラウドの概念は Azure に限らずほかのクラウドサービスにも共通する概念のため、知っておいて損はありません。しっかり学習して確実に得点したい分野です。

その他の分野は範囲が広い上、サービス内容も頻繁に変わります。そのため、覚えるべき内容も増えます。この分野での高得点は難しいので、「クラウドの概念に

ついて説明する」の正解率を上げておくことが重要です。

　試験問題は、小規模な変更は随時、大規模な変更は数か月に1度行われます。また、短期間で何度も繰り返し受験して問題を暗記しないように、受験回数には制限があります。

● プラクティス評価

　2023年から、MCP試験の練習問題が無償提供されています。実際のMCP試験よりは単純な問題が多いのですが、学習の参考にしてください。

https://learn.microsoft.com/ja-jp/credentials/certifications/practice-assessments-for-microsoft-certifications

■ 受験のコツ

　どのような試験でも、解答手順や出題形式の理解不足で不合格になるのは避けたいものです。MCP試験を受験する場合、以下の点に注意してください。

- メモ利用のコツ
- 時間配分のコツ
- 出題パターンの理解

● メモ利用のコツ

　MCP試験の会場には自分の筆記用具を持ち込むことはできません。その代わり、下敷き状のホワイトボード（シート）が1枚とマーカーペンが2本渡されます（会場によっては紙の場合もあるようです）。イレーサーは貸与されません。手でこすれば消えますが、大きな範囲は消せないと思ってください。シートが足りない場合は追加を要求できます。

● 時間配分のコツ

　試験が開始すると、右上に残り時間が表示されます。ところが、経過時間は表示されないため「今まで何分使ったのか」がわかりません。試験開始画面に表示される制限時間をメモしておくとよいでしょう。AZ-900は45分ですが、以前は60分だったので、今後も変更される可能性があります。Webサイトの情報では「所要

時間 65 分」となっていますが、これは試験開始前の説明などの時間を含めている
ためです。

　実際には、AZ-900 で試験時間が足りないということはまずないでしょう。

　難しい問題は未解答のまま進めることができます。また「見直す」マークを付け
ておくこともできます。試験を終了する前に解答リストが表示されるので、そこで
未解答問題や見直す問題を選んで、再解答してください。

● 出題パターンの理解

　MCP 試験には、多くの出題パターンがあり、初めて受験した人は戸惑うことも
多いようです。試験形式の体験サイトが用意されているので、ぜひ受験前にアクセ
スしてみてください。ただし、AZ-900 試験では採用されていない形式も含まれます。

https://aka.ms/examdemo

　出題形式によっては問題エリアと解答エリアが分かれており、スライダーを上下
にドラッグすることで各エリアの広さを調整できます。スライダーの幅は十分広く、
選択しやすくなっています。通常の Windows 画面と異なり、「閉じる」ボタンやウィ
ンドウメニューはありません。

《出題画面》

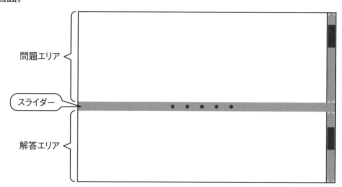

　AZ-900 試験で採用されている出題形式は以下のとおりです。ただし、今後新し
い形式が追加される可能性もあります。

　　・**選択式**…複数の選択肢から 1 つまたは複数を選択します。選択する数は明

記されていることが多いのですが、「すべて選びなさい」や「2つ以内で選びなさい」のように数が明記されていない場合もあります。

- **ドラッグ・アンド・ドロップ**…選択肢を並べ替えてリストを作ったり、正しい組み合わせを選んだりします。多くの場合、同じ選択肢を繰り返し使うことができます。また、まったく使わない選択肢もあります。
- **ホットエリア**…表示された画像上の領域で正しい箇所をクリックします。管理ツールの操作に関する出題によく使われます。
- **繰り返し**…ほとんど同じ問題が連続して出題されます。このパターンはあと戻りや見直しができません。たとえば、以下のように3つの問題が連続して出題されます。この場合、例1に解答して例2に進んだら、例1に戻れません。

> 例1：「AZ-900はAzureの基礎知識を確認する試験です」a）正しい b）誤り
> 例2：「AZ-900はAzureの実装能力を確認する試験です」a）正しい b）誤り
> 例3：「AZ-900はAzureの設計能力を確認する試験です」a）正しい b）誤り

1つずつ確認することで、確実に理解しているかどうかを調べるようです。最近は、複数の問題が1画面にまとめられることが多いようです。たとえば、上記の例だと、「以下の各文が正解か、誤りかを判定しなさい」という問題文の下に、例1から例3の問題文が並ぶような形式です。繰り返し問題ではあと戻りできない複数間に分かれているのに対して、新形式では1画面に表示されます。そのため、すべての問題を読んでから解答できます。

なお、本書の演習問題は最も出題数の多い「選択式」に限定しています。

■ 試験の流れ

実際にMCP試験を受けるために必要な準備や当日の注意事項について説明します。

● 事前準備：Microsoftアカウントの作成

受験の申し込みには「Microsoftアカウント」と呼ばれるIDが必要です。このIDは、自分が持っているメールアドレスを登録することで取得できます。Microsoftアカウントの利用に費用はかかりません。またoutlook.comなど、マイクロソフトが提供する無料メールサービスを契約すると、取得したメールアドレスが自動的にMicrosoftアカウントとして登録されます。

Microsoft 365などで使っている企業向けのユーザーID（組織アカウント）は

MCP 試験の申し込みに使えません。指定してもエラーになります。これは、MCP認定資格が個人に紐付くものであり、所属企業とは無関係とマイクロソフトが考えているためです。

　また、MCP 試験の申し込みに使った Microsoft アカウントを変更するのは面倒な手続きが必要です。そのため、変更が予定されているメールアドレスを使うことは望ましくありません。業務上必要な資格であっても、所属企業のメールアドレスではなく、個人のメールアドレスを使うことを強くお勧めします。

　Microsoft アカウント作成の具体的な手順は以下のとおりです。「所有するメールアドレスを利用する場合」と「新しいメールアドレスを取得する場合」に分けて説明します。なお、この手順は頻繁に変更されるので注意してください。指定項目の変更はほとんどありませんが、画面レイアウトや入力の順序はしばしば変化します。

《Microsoftアカウントの作成：所有するメールアドレスを利用する場合（1）》

❶ Web ブラウザーで https://account.microsoft.com/ にアクセスする

❷ ［サインイン］をクリックする

❸ ［アカウントをお持ちではない場合、作成できます］の［作成］をクリックする

❹ 所有するメールアドレスを Microsoft アカウントとして登録する場合は、そ

のメールアドレスを入力して［次へ］をクリックする

❺ Microsoft アカウントで使う新しいパスワードを入力して［次へ］をクリックする

❻ 居住地と生年月日を指定して［次へ］をクリックする。この情報は未成年者の識別に使用される

❼ 指定したメールアドレスに確認コードが送られてくるので入力し、［次へ］をクリックする

《Microsoftアカウントの作成：所有するメールアドレスを利用する場合（2）》

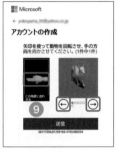

❽ ロボット（自動実行プログラム）によるアカウント取得でないことを確認することが告知されるので、［次］をクリックする

❾ 矢印ボタンをクリックして、手の指す方角と、動物の頭が指す方角を一致させ、［送信］をクリックする。このクイズはいくつかのバリエーションがあり、ランダムに選択されるので、このとおりの問題とは限らない

❿ 問題に正解すると登録が完了し、しばらくすると自動的に画面が切り替わる

⓫ メールアドレス情報の再確認が求められた場合は、内容を確認し［問題ありません］をクリックする。この手順は省略されることもある

《Microsoftアカウントの作成：所有するメールアドレスを利用する場合（3）》

⓬ Microsoft アカウントの説明が表示されるので［続ける］をクリックする

⓭ 以上で Microsoft アカウントの登録が完了した

《Microsoftアカウントの作成：新しいメールアドレスを取得する場合》

❶ Web ブラウザーで https://account.microsoft.com/ にアクセスする

❷ ［サインイン］をクリックする

❸ ［アカウントをお持ちではない場合、作成できます］の［作成］をクリックする

❹ 新しいメールアドレスを取得し、それを Microsoft アカウントとして登録する場合は、[新しいメールアドレスを取得] をクリックする

❺ 希望するユーザー名を入力し、ドメイン名（outlook.jp、outlook.com、hotmail.com のいずれか）を選択して [次へ] をクリックする。指定したメールアドレスがすでに使われている場合はエラーになるので、別の名前やドメインを指定する

❻ Microsoft アカウントで使う新しいパスワードを入力して [次へ] をクリックする

❼ 所有するメールアドレスを利用する場合と同様、以下の手順を実行する
　・居住地と生年月日を指定して [次へ] をクリックする
　・ロボットによるアカウント取得でないことを確認するクイズに答える

❽ 以上で Microsoft アカウントの登録が完了した

● 試験の申し込み

　作成した Microsoft アカウントを使って MCP 試験に申し込みます。MCP 試験を提供しているピアソン VUE 社に申し込む必要がありますが、マイクロソフトの Web サイト経由で申し込むことができます。ピアソン VUE 社の Web サイトから直接申し込むこともできますが、ピアソン VUE 社が扱う認定試験は非常に多いため、マイクロソフトの Web サイトを経由するほうが迷わずに済むでしょう。

　具体的には以下の手順で申し込みます。

《MCP試験の申し込み手順（1）》

❶ Web ブラウザーで AZ-900 の試験サイトにアクセスする
https://learn.microsoft.com/ja-jp/certifications/exams/az-900/

❷ ［試験のスケジュール設定］から［Pearson VUE でスケジュール］をクリックする（学生または講師向けの Certiport は、米国のみのサービス提供）

❸ サインイン画面が表示されたら MCP 受験用の Microsoft アカウントでサインインする
同じ Web ブラウザーで以前にサインインしている場合、サインイン画面は出ない場合がある。また、MCP 受験用ではない Microsoft アカウントでサインインしている場合は、いったんサインアウトする必要がある

❹ 初回アクセス時は個人情報の入力画面になるので、必要事項を指定して［送信］をクリックする。説明は漢字だが、英語(ローマ字)で入力する必要がある。姓名の順序が米国式になっていることにも注意する。2回目からはこの画面は表示されず、ステップ❻まで進む

❺ 本人確認書類どおりの情報を指定していることを確認し、［承諾する］をクリックする

《MCP試験の申し込み手順（2）》

❻ 受験者のプロファイル画面が表示されるので、改めて個人情報を確認し、画面下部の使用条件に同意して［次へ］をクリックする。個人情報の変更がある場合は［プロファイルの編集］をクリックして修正する。この確認は、試験を申し込むたびに毎回行われる

❼ 特定の組織に対する割引が適用可能な場合は、割引対象の組織メールアドレスを入力して割引条件を確認する。特になければそのまま［次へ］をクリックする

❽ 試験スケジュールを設定するため［Pearson VUE でスケジュールする］をクリックする。これ以降、ピアソン VUE 社の Web サイトに切り替わる

《MCP試験の申し込み手順（3）》

❾ テストセンターで受験する場合は［テストセンターでの現地受験］を、オンライン受験をする場合は［OnVUE オンライン受験］を選択して［次へ］をクリックする。［プライベートアクセスコード］は特別な契約をしている場合に使用する。これ以降はテストセンターでの受験手順を示す

❿ 持ち物など、受験にあたっての注意を確認して［次へ］をクリックする

⓫ 希望する言語を選択して［次へ］をクリックする（試験によっては日本語が選択できないが、AZ-900 は日本語が存在するのでご安心を）

⓬ 行動規範（守秘義務）への同意、契約の同意、違反した場合のペナルティに対する同意のすべてに対して［Yes］を選択して、［次へ］をクリックする

18

《MCP試験の申し込み手順（4）》

⓭ 試験ポリシーを確認して、［同意します］をクリックする

⓮ テストセンターを検索し、表示された候補から最大３つをチェックして、［次へ］をクリックする

　既定では、登録住所の近くを自動検索し、候補が表示される。住所を修正して［検索］ボタンをクリックすることで、任意の場所を再検索できる。検索には漢字が使えるほか、郵便番号を指定することも可能

⑮ カレンダーから受験日を選択する

⑯ 受験時間は適当なものが自動選択される。必要に応じて［時間をもっと見る］をクリックして時刻を変更し、［予約する］をクリックする
この画面で、テストセンターと日時を変更することもできる

《MCP試験の申し込み手順（5）》

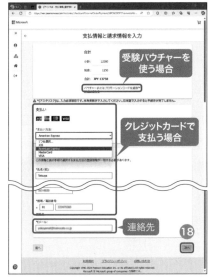

⑰ 受験内容と支払い情報を確認して、［次へ］をクリックする

⑱ 支払いに使うクレジットカードを選択し、必要な情報を入力して、［次へ］をクリックする
MCP受験バウチャーを持っている場合は［バウチャーまたはプロモーションコードを追加］をクリックしてコードを入力する（この場合、支払い情報は不要）

《MCP試験の申し込み手順（6）》

⑲ 選択内容を確認して、[同意して続行する] をクリックする
⑳ クレジットカード情報を入力し、[支払う] をクリックする

　以上で試験予約は完了です。完了後に表示される画面、もしくは同様の内容で送られてくるメールを保存しておくことで、領収書として使用できます。
　クレジットカードを持っていない場合は、マイクロソフトのラーニングパートナーから MCP 受験バウチャーを購入できます。

● 受験当日

　試験当日は、試験開始 15 分前にはテストセンターに到着し、試験担当者の指示に従って以下の手続きを済ませてください。

- 入室時刻の記入と同意書へのサイン
- 本人確認書類の確認
- 写真撮影
- 荷物をロッカーに格納

　多くのテストセンターでは、入室手続きが始まるとそのまま待ち時間なしに試験会場に誘導されます。試験監督は、試験開始直前にトイレの確認をしてくれるはずですが、入室前に済ませたほうがスムーズに受験できるでしょう。なお、試験中であっても緊急時は係員を呼び出して試験を中断し、トイレに行くことは可能です。ただし、試験時間はそのまま経過しますし、持ち物を取り出すことも許可されません。

本人確認書類は2種類必要で、少なくとも1つは顔写真が必要です。利用可能な本人確認書類とその組み合わせには制限があります。一般的によく使われる本人確認書類は以下のとおりです。いずれも受験申し込み時に入力した氏名と完全に一致する必要があるので注意してください。通称を使っている方は、社員証／学生証とクレジットカードの組み合わせを使うことが多いようです。ただし本人確認書類として使える社員証／学生証は、以下に示す条件を満たす必要があります。

● **写真入り身分証明書（必須）**
- パスポート
- 運転免許証
- マイナンバーカード
- 以下の条件を満たす社員証／学生証
  - 氏名の記載がある
  - 企業・団体・教育機関名またはロゴや校章の記載がある
  - 写真が貼付されている
  - プラスチックカード、ラミネート加工、顔写真に割り印またはエンボス加工がある（紙製可）、のいずれか

● **写真なし本人確認書類**
- クレジットカード（サイン入り）
- 健康保険証
- 年金手帳

正確な規定はピアソンVUE社のWebサイト（https://www.pearsonvue.co.jp/Test-takers/Tutorial/Identification-2.aspx）を参照してください。

また、受験者の写真撮影が毎回行われ、スコアレポートに表示されます。

試験会場には写真入り本人確認書類1種類と、テストセンターで渡されるメモシートとペン以外は持ち込めません。電子機器はもちろん、腕時計や大きなアクセサリも禁止されています（一般的なサイズのピアスやイヤリングは問題ありません）。ロッカーが用意されているので、試験前にしまってください。ロッカーキーは会場で貸してもらえますが、会場によっては100円返却式の場合があります。念のため100円玉も用意しておいてください。

数年前から、メガネの確認も行われるようになりました。カメラ内蔵メガネ（スマートグラス）が登場しているためのようです。スマートグラスを使用しての受験は認められません。

　最近ではマスクの確認も行われる場合があります。筆者が受験したときはマスクを外して裏面の提示を求められました。

● 結果確認

　試験結果は、受験後すぐに画面に表示されます。一部のMCP試験では後日通知される場合もありますが例外です。AZ-900試験はシステムトラブルがない限りその場で表示されます。試験結果を確認し、試験を完全に終了させてから退出してください。

　退出後、カテゴリ別の得点率を含む試験結果（スコアレポート）が渡されます。MCP試験は特定のカテゴリの得点が低くても総得点が高ければ合格します。しかし、偏った知識は望ましくないので、スコアレポートを見て今後の学習の参考にしてください。なお、試験結果はピアソンVUE社のWebサイトからいつでも確認できます。

　試験に合格後、認定資格を得た場合は数日以内に認定のメールが届きます。AZ-900試験の合格はそのままAzure Fundamentalsの認定となるので、必ずメールが来るはずです。認定後は、Microsoft LearnプロファイルページからMicrosoft認定バッジを入手できるので、自分のブログや名刺に掲載することができます。プロファイルページは以下のURLにアクセスし、MCP受験に使用したMicrosoftアカウントでサインインすると表示できます。

https://learn.microsoft.com/ja-jp/users/me/

《Azure Fundamentals認定バッジ》　　《Azure Fundamentals資格証明ページ》

● 再受験ルール

万一不合格になってしまったら、翌日以降(24時間以上あと)に再受験が可能です。2回目も不合格の場合、3回目以降は2週間のインターバルが必要です。同じ試験を何度も受けると、同じ問題が出題される確率が上がります。間隔を空けることで、そうしたリスクを避けているようです。また、12か月間で6回以上の受験も認められません。ただし、別途再受験を申請し、認められれば受験できます。

《再受験ルール》

なお、一度合格した試験を再受験することはできません。正確には、同じ試験番号の試験を再受験することはできません。合格の有効期限が切れた場合は再受検可能ですが、AZ-900を含むFundamentals試験には有効期限がありません。Fundamentals以外の試験合格は1年間有効で、有効期限の6か月前からオンライン更新試験を無料で受験できます。合格すると有効期限が1年延長されます。

受験に関する不正が発覚した場合、過去に取得した全MCP資格の剥奪と、将来のすべてのMCP試験の受験禁止措置がとられる可能性があります。不正には、試験問題を漏えいさせることや、不正に入手した試験問題集の利用も含まれます。守秘義務には十分注意してください。

■ 本書の活用方法

　本書は、「AZ-900: Microsoft Azure Fundamentals」の合格を目指す方を対象とした受験対策教材です。各章は、解説と演習問題で構成されています。解説では、出題範囲を丁寧に説明しています。解説を読み終わったら、演習問題を解いて各章の内容を理解できているかチェックしましょう。また、読者限定特典として、サポートページから模擬問題1回分をダウンロードいただけます。受験対策の総仕上げとして役立ててください。

【本書のサポートページ】
https://book.impress.co.jp/books/1123101108
※ご利用時には、CLUB Impress への会員登録（無料）が必要です。

● 解説

> | **3** | **クラウドの登場** |
> | --- | --- |
>
> 　一般に、サーバーの発注から納品までは数日から数週間かかりますし、不要になった場合に廃棄するのも面倒です。「テストのために、今から3日間だけ使いたい」といった状況に臨機応変に対応するのは難しいでしょう。必要なサーバーを必要なだけすぐに用意してくれるサービスがあれば便利です。これがクラウドコンピューティングサービスです。単にクラウドと呼ぶことも一般的になっています。
> 　クラウドコンピューティングサービスでは、サーバーだけではなく、ハードディスクやSSD（総称してストレージと呼びます）、ネットワーク機器などを、

重要語句

本文中の重要用語や重要語句は色文字で示しています。

参考

試験対策とは直接関係ありませんが、知っておくと有益な情報を示しています。

 ゾーン番号はゾーンの区別をするためだけに使われ、地理的な場所を特定するわけではありません。また、同じゾーン番号でも、サブスクリプションが違うと別の場所を指す場合があります。

試験対策

理解しておかなければいけないことや、覚えておかなければならない重要事項を示しています。

 複数の可用性ゾーンに分散してリソースを配置することで、データセンター全体の障害から保護できます。複数の可用性ゾーンに仮想マシンを配置すると、99.99%の可用性がSLAとして保証されます。

コラム

試験対策や実用的な知識で
はありませんが、知ってい
るとより深く理解できる情
報を示しています。

NISTの本来の役割は度量衡、つまり重さや長さの基準を管理するこ
とです。日本の場合、国立研究開発法人産業技術総合研究所（産総研）
や国立研究開発法人情報通信研究機構（NICT）が同様の役目を担っ
ています。

● 演習問題・解答

 演習問題

問題

問題は選択式（単一もしく
は複数）です。

1 部分的な障害があってもサービスが停止しないように構成したいと
考えています。このようなクラウドの能力を何と呼びますか。適切
なものを1つ選びなさい。

A. 迅速性（agility）

B. 高可用性（high availability）

C. 伸縮性（elasticity）

D. スケーラビリティ（scalability）

 解答

解答

正解の選択肢は太字で示し
ています。

1 **B**

「いつでも利用できる能力」が「高可用性」です。「迅速性」は「素早
く対応できること」、「伸縮性」は「能力が伸縮自在であること」、「スケー
ラビリティ」は「能力を拡張できること」を意味します。

目次
CONTENTS

第 1 部　クラウドの概念

第 1 章　クラウドコンピューティングについて …………………………… 31

第 2 章　クラウドサービスの利点とリスク ………………………………… 65

第 3 章　クラウドのサービスモデル ………………………………………… 87

第2部　Azure のアーキテクチャとサービス

第3部　Azure の管理とガバナンス

Azure
Fundamentals

第1章

クラウドコンピューティングについて

1-1 クラウド以前のIT環境

クラウドの話に入る前に「サーバー」とは何かを確認し、クラウドが登場する前のIT環境について説明しておきます。

1 サーバーとは何か

個人用に設計されたコンピューターが「パーソナルコンピューター」、通称パソコン（PC）です。これに対して「（多くの人が同時に利用できるような）サービスを提供するコンピューターやプログラム」を**サーバー**と呼びます。サーバー機器に直接触れる機会は少ないかもしれませんが、サーバーが提供するサービスは毎日のように使っているはずです。Web ブラウザーで Web ページを表示できるのは、Web サーバーがあるからですし、送信した電子メールがきちんと相手に届くのもメールサーバーがあるからです。多くのゲームにもゲーム用のサーバーが存在します。大量のデータを保持し、高速に検索できるデータベースを提供するサーバー（データベースサーバー）もビジネスではよく使われます。

サーバーに対してサービスを要求する機能を**クライアント**と呼びます。クライアントは「顧客」「依頼人」という意味です。たとえば、Web ブラウザーは Web サーバーに対するクライアントで、Web サーバーに対して情報を要求（リクエスト）し、Web サーバーは要求に応えて文字や画像情報を返します（レスポンス）。

「クライアント」は、Web ブラウザーやメールアプリなどの「クライアントソフトウェア」を指す場合と、PCやスマートフォンなどの「クライアントハードウェア」を指す場合があるので注意してください。「サーバーが提供するサービスを利用するモノ」は、ハードウェアでもソフトウェアでもすべて「クライアント」と呼びます。

[サーバーとクライアント]

クライアント　　　　　　　　　　　　　　　　Webサーバー
（Webブラウザー）

サーバーが壊れてしまうと、そのサーバーを使っている多くの人が困ります。そのため、サーバーの停止は極力避けなければなりません。そこで、サーバーは社内ではなく**データセンター**と呼ばれる特別な建物内に設置するのが一般的です。データセンターは耐震耐火構造を持ち、停電に備えた自家発電装置を備えているほか、不法侵入を避けるために入退館が厳しく制限されています。

2	データセンターとネットワークの利用

データセンターに設置されたサーバーは、ネットワークを使ってクライアントと通信します。多くの場合、安定して安全に使えるように専用回線を使いますが、最近はインターネットを使うことも増えているようです。インターネットは不特定多数の組織が利用するため、セキュリティリスクがあったり、回線速度の安定性が保証されなかったりします。そのため、通信を暗号化してセキュリティリスクを軽減したり、ネットワーク回線を複数契約して1つの回線が障害を起こしても通信が途絶えないようにしたりします。

[データセンターの利用]

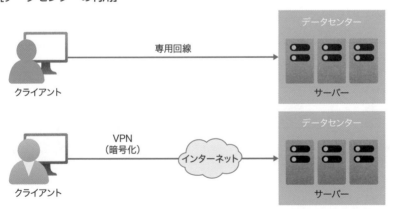

データセンターに使う建物を自社で用意するのは大きなコストがかかるので、専門業者が設置したデータセンターを間借りすることがあります。現在では、自前のデータセンターを持つ企業は少なく、データセンター業者の場所を借りている企業のほうが多いくらいでしょう。ただし、単なる「間借り」なので、設置するサーバーの調達やソフトウェアの設定は自前で行う必要があります。

実際のデータセンターの利用形態はさまざまで、限りなくクラウドに近いサービスもあります。クラウドと対比して理解するには、「自社所有のデータセンター」と「場所だけを間借りするデータセンター」だけを考えてください。

3 クラウドの登場

一般に、サーバーの発注から納品までは数日から数週間かかりますし、不要になった場合に廃棄するのも面倒です。「テストのために、今から3日間だけ使いたい」といった状況に臨機応変に対応するのは難しいでしょう。必要なサーバーを必要なだけすぐに用意してくれるサービスがあれば便利です。これが**クラウドコンピューティングサービス**です。単に**クラウド**と呼ぶことも一般的になっています。

クラウドコンピューティングサービスでは、サーバーだけではなく、ハードディスクやSSD（総称して**ストレージ**と呼びます）、ネットワーク機器などを、インターネット経由で即座に利用できます。若干の例外もありますが、基本的には料金は使った分だけしかかかりません。インターネット経由ですから、世界中どこからでも使えます。しかも、不要になったら管理ツールから削除を指示するだけでよく、面倒な廃棄手続きも必要ありません。

［クラウドの利用］

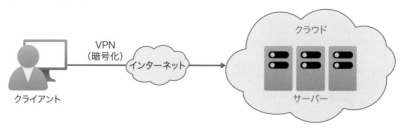

クラウドが登場してから、従来の自社で所有するサーバー環境を**オンプレミス** (on-premise) と呼ぶようになりました。「premise」の複数形「premises」は「土地・建物」の意味を持ちます。

クラウドを提供する業者のことを**クラウドプロバイダー**（クラウド提供者）と呼びます。**クラウドベンダー**と呼ぶこともあります。

1-2　クラウドを定義する用語と特徴

ここでは、クラウドを定義する用語と特徴について説明します。言葉の正確な意味を理解することで、正確なコミュニケーションができるようになります。

1　サーバー調達と構成変更手順の変化

　クラウドについて、サーバー調達と構成を例に説明します。たとえばテスト用Web サーバーの調達を考えてみましょう。通常、Web サーバーを構築する場合、オンプレミスでは以下の作業が必要になります。括弧内は最短の所要時間です。実際には、サーバーの納品には数週間かかることもありますし、OS のインストールや Web サーバーの構成に 1 日以上かかることもしばしばあります。

① サーバーの発注（納品に数日）
② サーバーの設置（数分）
③ OS（Windows Server や Linux など）のインストール（数十分）
④ Web サーバーの構成（数分）

　サーバーの納品にかかる時間が最も長く、しかも、設置作業を行うにはデータセンターに出向く必要があります。このように、オンプレミスのサーバーは調達から初期設定まで多くの時間と手間がかかります。クラウドコンピューティングサービスは、こうした手間を削減するために登場しました。クラウドを利用して Web サーバーを構築する場合、以下の手順で完了します。

① サーバーの構成の指示（数分）
② Web サーバーの構成（数分）

　「サーバーの構成の指示」には、CPU コア数やメモリ量、ディスクの接続台数、OS の種類などを含みます。クラウドを使えば、オンプレミスのサーバーの発注書を作成する時間くらいで、すべての作業が完了してしまうでしょう。

［サーバーの調達と構成］

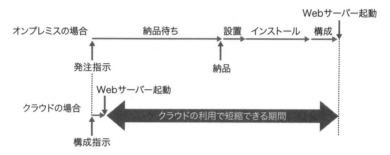

クラウドでの作業は非常に簡単なため、必要に応じて、（IT ベンダーの助けを借りず）自社のスタッフで作業できます。このように、需要に応じて自分で作業するという特徴を**オンデマンドセルフサービス**（On-demand self-service）と呼びます。

オンデマンドセルフサービスが可能なのは、クラウドのデータセンターに大量のサーバーをプールしており、要求があれば誰にでも割り当てることができるからです。このような特徴を**リソースの共用**（Resource pooling）と呼びます。

しかも、すべての作業は Web ブラウザーから操作するだけで完了するため、場合によっては自宅からでも設定できます。このように、標準化されたネットワーク技術を使ってどこからでも作業できることを**幅広いネットワークアクセス**（Broad network access）と呼びます。

サーバーを調達してテストをした結果、メモリ量が足りないことがわかったとします。オンプレミスの場合は、以下の手順が必要です。

① そのサーバー機器に、メモリ増設が可能かどうかの確認
② メモリ増設可能ならメモリの発注、不可能なら別のサーバーを発注
③ 納品待ち
④ 設置作業

またもや数日が過ぎてしまいます。もちろん、設置作業はデータセンターに出向く必要があります。

これに対して、クラウドを利用すると次の手順で完了します。

① サーバーのサイズ（CPU コア数とメモリ量などの設定セット）の変更
② サーバーの再起動

通常、この作業は数分以内で完了します。もちろん、データセンターに出向く必要もありません。サイズ変更が簡単にできることを迅速な伸縮性（Rapid elasticity）と呼びます（弾力性と訳すこともあります）。

オンプレミスのサーバーは構成変更に時間がかかるため、変更せずに済むよう事前に綿密な準備をするか、余裕を持った構成にしておきます。しかし、綿密な準備は時間がかかりますし、余裕を持った構成は費用がかさみます。クラウドの場合は、実際にやってみて性能不足なら CPU コアやメモリを増やし、余っていれば減らすということが簡単にできます。多くの場合、クラウドの料金は性能ごとに設定された時間あたり単価で計算されるため、性能が高く使用時間が長いほど費用がかかり、性能が低く使用時間が短いほど安くなります。このように利用状況を計測し、計測結果によって課金することを計測可能なサービス（Measured service）と呼びます。

なお、実際の課金単位時間はサービスごとに違います。Azure の場合、サーバーは 1 分単位の課金ですが、ネットワーク機器などは 1 時間単位のことが多いようです。また、一部のサービスは月間契約が必要で、使用の有無にかかわらず課金される場合があります。しかし、この場合でも契約を解除すれば翌月からの課金はなくなります。

クラウドの定義で最も有名で、広く受け入れられているのは米国 NIST（National Institute of Standards and Technology）の文書「The NIST Definition of Cloud Computing」です。独立行政法人情報処理推進機構（IPA）による日本語訳「NIST によるクラウドコンピューティングの定義」も公開されています。実質的には 3 ページ弱の短いものですので、ひととおり目を通しておくことをお勧めします。

・英語版：https://csrc.nist.gov/publications/detail/sp/800-145/final
・日本語訳：https://www.ipa.go.jp/files/000025366.pdf

NIST の本来の役割は度量衡、つまり重さや長さの基準を管理することです。日本の場合、国立研究開発法人産業技術総合研究所（産総研）や国立研究開発法人情報通信研究機構（NICT）が同様の役目を担っています。

　利用者の要求に応じて、CPU コア数やメモリ量の異なるサーバーを即座に作成するため、Azure を含むほとんどのクラウドは**サーバー仮想化技術**を使います。「○○仮想化技術」とは「あたかもそこに○○があるかのように見せかける技術」のことです。

　サーバー仮想化技術を使って構成したサーバーを**仮想マシン**と呼びます。英語のマシン（machine）は機械一般を指しますが、IT 分野で扱う「マシン」はたいていコンピューターを指します。

　これに対して、データセンターにある実際のコンピューターを**物理マシン**と呼びます。物理的な実体を持つコンピューターなので「物理マシン」です。

　サーバー仮想化技術を使うことで、たとえば、16 コア CPU と 128 GB のメモリを持つ物理マシンに対して、2 コア CPU と 8 GB メモリの仮想マシンを何台も作り出すことができます。

［仮想化］

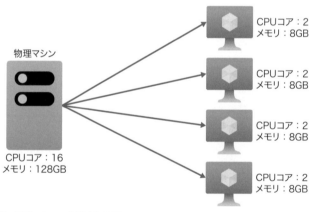

実際の物理マシンの仕様は非公開
Azureの場合、物理CPUコア1基あたり、仮想CPUコア1基または2基が割り当てられる

クラウドが提供するサーバーは、CPU コア数やメモリ量などの組み合わせが決まっており、普通は好きな値に設定することはできません。一般には、CPU コア数を増やすとメモリ量も増えてしまいます。これを「カタログ方式」と呼びます。カタログ方式は、完全に自由な構成にできないという欠点はありますが、価格と性能のバランスを考えて構成されているため、どのサイズを選んでも安心して利用できます。

　クラウドでは、CPU やメモリ量をあまり意識せずに各種のサーバー（Web サーバーやデータベースサーバーなど）を作る機能があります。「サービスを提供するコンピューター」がサーバーですが、クラウドのこれらの機能についてはコンピューターとしての実体を意識することなく利用できるため、「サーバー」ではなく単に**サービス**と呼びます。Web サーバーの機能を実現するのが「Web サービス」、データベースサーバーの機能を実現するのが「データベースサービス」です。

　一方、クラウドで構成する仮想マシンに各種のサービス提供機能（たとえば Web サービス機能）を構成すると「サーバー」になります（この場合は Web サーバー）。仮想マシン上で Web サーバーを構成しても、クラウドが提供する Web サービスを使っても、結局は同じ機能を利用できますが、使い勝手に差があります。仮想マシンを使ったほうが自由な設定ができる反面、管理は面倒です。クラウドが提供するサービスを使うと、設定可能な項目は限られますが、クラウドが管理作業の多くを代行してくれるため、簡単に利用できます。

　仮想マシンは、ほとんどの場合サーバーとして使われます。そのため「仮想マシン」ではなく**仮想サーバー**と呼ぶことがあります。厳密には「コンピューター」が「仮想マシン」、仮想マシン上で何らかのサービスが提供される場合が「仮想サーバー」ですが、一般的にはあまり区別されずに使用されることも多いようです。一般的な会話ではだいたい同じものと考えて構いません。MCP 試験でも特に区別なく使われています。

[仮想マシンとサーバー]

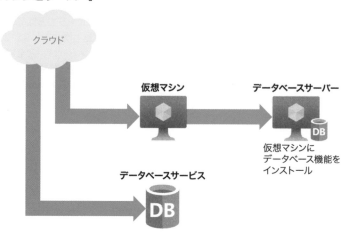

3　クラウドの特徴

ここで、改めてクラウドの特徴についてまとめておきます。それぞれ、オンプレミスのサーバーに対してどのような優位点があるのかを理解してください。

● オンデマンドセルフサービス（On-demand self-service）

利用者は、サービスの提供者（クラウドプロバイダー）と直接やり取りすることなく、必要なときに自力でサーバーを作成して構成します。**オンデマンド**（需要に応じてすぐに対応）と**セルフサービス**（自分で対応する）は、クラウドコンピューティングの中でも特に重要な特徴です。IT ベンダーを利用する場合でも、クラウド導入の効果を期待どおりに得るには、IT ベンダーに任せきりにするのではなく、必ず利用者が主導権を握る必要があります。クラウドを導入しても思った成果が上げられていない企業の多くは、IT ベンダーに丸投げしていることが多いようです。

オンプレミスの場合は、サーバーを手配して OS の構成を行う必要があります。個々の設定は複雑なため、IT ベンダーに依頼することが一般的です。場合によってはデータセンターとの契約も必要です。そのため、クラウドに比べると時間と費用がかかります。

● 幅広いネットワークアクセス（Broad network access）

サーバーを構成する方法としては、一般的なネットワーク技術、通常はインターネットを使います。インターネットという、幅広く利用されているインフラを使うからこそ「オンデマンドセルフサービス」が実現できます。クラウドの利用に専用の回線契約が必要であれば「オンデマンド」は実現できませんし、特殊な技術が使われていたら「セルフサービス」も難しいでしょう。

オンプレミスの場合は、データセンターに出向いて作業するのが一般的です。遠隔作業も可能ですが、特別な手順が必要な場合があります。一方、クラウドではあらゆる作業をネットワーク経由で行い、データセンターに入館することは原則としてありません。

インターネットを使うことは、セキュリティや安定性に対するリスクとなります。専用回線を使った接続サービス（Azure では ExpressRoute）も提供されていますが、高価になります。この場合はインターネットを経由せずにサービスを利用できますが、プロトコル（通信手順）はインターネットと同じ TCP/IP を使用します。

● リソースの共用（Resource pooling）

クラウドプロバイダーは巨大なデータセンターにコンピューティング能力を集中させ（プール）、その一部を利用者に貸し出します。これにより利用者は初期投資なしに必要なだけコンピューターを使えます。リソースの共用が行われておらず、必要に応じて専用のサーバーを調達する方式では「オンデマンド」は実現できません。

オンプレミスの場合は、自社専用でありリソースは共用しません。

試験対策　クラウドはインターネットから利用するのが一般的ですが、必須というわけではありません。

試験対策　クラウドが提供されているデータセンターに、利用者が入館することは原則としてありません。

[リソースの共用]

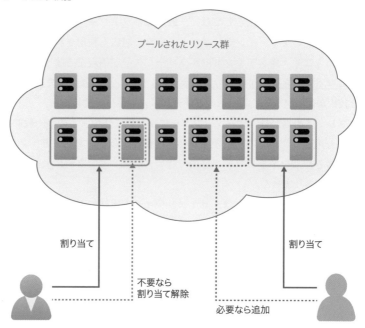

● 迅速な伸縮性（Rapid elasticity）

サーバーの能力は、伸縮自在に割り当てが可能で、上限を意識する必要はありません。また、不要なリソースはすぐに解放できます。伸縮自在だからこそ「オンデマンド」の特徴が活かされます。

オンプレミスの場合は、納期の問題があるため迅速な伸縮ができません。そのため、時間をかけて綿密な性能予測をするか、予算を増やして余裕のある高性能サーバーを購入する必要があります。

● 計測可能なサービス（Measured service）

サービスの利用状況は計測され、課金やさまざまな制限に使用されます。使った分だけ課金する利用モデルを消費ベースモデルと呼びます。クラウドのサーバーは基本的には使った分だけ課金されるため、毎月少額の支払いで済みます。また、使用を控えれば支払額は減ります。ただし、少し使うだけでも少額の課金が行われることに注意してください。「Measured service」を「従量課金」と意訳する場合もありますが、計測の目的は必ずしも課金だけではありません。速

度制限や容量制限にも利用されます。

　オンプレミスの場合は、サーバーの購入は「資産」であり、最初に大きな出費が発生します。会計的には、数年かけて減価償却するわけですが、何らかの事情で使われなくなってしまったサーバーは「不良資産」となります。

　以上のことを総合すると、要するに「必要な機能を、必要なときに、必要なだけ使って、使った分だけ払う」のがクラウドの特徴です

　さらに NIST では、クラウドを 3 つのサービスモデルと、4 つの展開モデルに分類しています。これらについては本章の後半と第 3 章で学習します。

試験対策　クラウドの基本的な特徴は「オンデマンドセルフサービス」「幅広いネットワークアクセス」「リソースの共有」「迅速な伸縮性」「計測可能なサービス」の 5 つです。

コラム　クラウドの「Measured service」は携帯電話のパケット料金を考えるとわかりやすいでしょう。パケット料金は単価が設定されており、「使った分だけ支払う」というのが原則です。しかし、定額契約をしている場合は使用量にかかわらず金額は一定です。ただし定額契約をしていても、1 か月あたり一定の利用量（たとえば 5 GB）を超えると速度制限が適用されます。速度制限が可能なのは、パケット使用量を常に計測（measure）しているからです。

1-3 クラウドの展開モデル

ここでは、「クラウドをどこに置くのか（展開するのか）」という展開モデル（デプロイメントモデル）について説明します。展開（デプロイ）は、「配置する」「設置する」といった意味で使います。

1 展開モデルの必要性

ここまでの説明では、クラウドをインターネット経由で使うことを前提にしてきました。これは、クラウドの利用者が不特定多数であると想定していたためです。しかし、セキュリティ上の制約など、さまざまな理由から「不特定多数の会社と共用する」ことを避けたい場合もあります。

NISTでは、対象となる利用者に注目し、クラウドを以下の4つの展開モデルに分類しています。展開モデルは「デプロイモデル」または「デプロイメントモデル」とも呼ばれます。

- ・パブリック
- ・プライベート
- ・コミュニティ
- ・ハイブリッド

ここではそれぞれの展開モデルについて学習し、最後に展開モデルの選択基準について学習します。なお、コミュニティクラウドはAZ-900の試験範囲に入っていないので解説は省略します。

試験対策

クラウドが提供する展開モデルのうち、最も重要なのがパブリッククラウドです。プライベートクラウドとハイブリッドクラウドは、パブリッククラウドを補完するサービスという位置付けです。

2　パブリッククラウド

　契約すれば誰でも利用できるクラウドサービスを**パブリッククラウド**と呼び
ます。ここまで説明してきたクラウドはすべて「パブリッククラウド」を想定し
ています。一般に、単に「クラウド」と呼ぶときには、ほとんどの場合「パブリッ
ククラウド」を指しています。AzureやAWSはパブリッククラウドの代表です。

[パブリッククラウド]

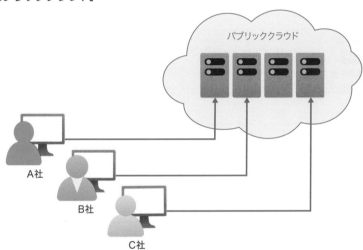

　通常はインターネット経由で利用しますが、ネットワークサービスプロバイ
ダー（回線業者）の内部ネットワークを使うオプションも用意されています。
Azureの場合は「ExpressRoute」が相当します。

　パブリッククラウドの利点は、顧客を増やすことで大規模な展開ができ、結
果として安価に提供できることです。

　一方、欠点は融通が利かないことです。パブリッククラウドは不特定多数に提供
されているため、1社のためだけに柔軟な対応をしてもらうことは期待できません。

試験対策　パブリッククラウドは、契約すれば誰でも利用できます。

試験対策
本書で説明してきたクラウドの利点の大半はパブリッククラウドを想定しています。パブリッククラウドの利点・欠点を理解しましょう。

3　プライベートクラウド

　パブリッククラウドの管理は、原則としてクラウドプロバイダーが行います。しかし、クラウドプロバイダーが用意するサーバーをどうしても使いたくないケースもあります。たとえば、データが保管されている場所を特定しておきたい場合です。通常、クラウドのデータセンターは、詳細な住所を公開していません（Azure においては米国の場合は州、日本の場合は都道府県まで公開されます）。また、使用済みディスクの廃棄ルールを社内標準に合わせてほしいと思っても、クラウドプロバイダーは応じてくれません。

　そこで、特定の組織のみに提供するクラウドサービスが考えられました。これを**プライベートクラウド**と呼びます。マイクロソフトではプライベートクラウド構築製品として「Microsoft System Center」を提供しています。

試験対策
プライベートクラウドは、特定の組織向けに提供されます。

［プライベートクラウド］

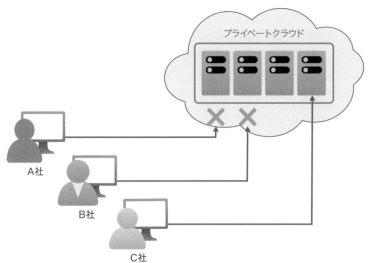

　プライベートクラウドを採用する理由で最も多いのが「自社のセキュリティポリシーをそのまま適用したい」というものです。これは、パブリッククラウドのセキュリティレベルが低いというわけではなく、「自社のポリシーに合わない」という意味です。また、現実的な理由でよくあるのが「今ある自社のデータセンターを有効利用したい」というものです。

　最も基本的なプライベートクラウドは、自社が所有するデータセンターを使うものです。この場合「使った分だけ払う」「初期コストがかからない」という利点はありませんが、それだけがクラウドの要件ではありません。プライベートクラウドはIT部門に頼らず、利用者部門が独自の判断でコンピューティングサービスを利用できる（たとえば仮想マシンを作成できる）ため、「オンデマンドセルフサービス」の原則を満たします。そのため、プライベートクラウドもクラウドの一種です。逆にいうと、利用者が自由にコンピューティングサービスを使えない場合は「プライベートクラウド」とは呼べません。

　プライベートクラウドの利点は、利用者のために自由に機能拡張や構成変更ができることです。何しろ自社のみで使用するのですから気兼ねすることはありません。

　一方、欠点はコストです。データセンター構築のコストはもちろん、運用コストもパブリッククラウドと比較すると高額になります。一般に大規模なデータセンターほど運用コストは下がりますが、1つの会社のみではそこまで大きな

データセンターにはならないためです(詳しくは「1-4　従量課金モデル」で説明します)。

　プライベートクラウドにはさまざまなバリエーションがあります。たとえば、データセンターの設備だけを他社に依存する場合や、サーバーハードウェアの調達まで他社に任せる場合があります。プライベートクラウドの詳細なバリエーションは、AZ-900試験対策としては不要なので、本書では省略します。

プライベートクラウドを選択する最も大きな理由は「自社のセキュリティポリシーをそのまま適用したい」というものです。

プライベートクラウドにはさまざまなバリエーションがありますが、AZ-900試験対策としては「自社が所有するデータセンターを使う」という形態を理解すれば十分です。

4　ハイブリッドクラウド

　パブリッククラウドは、不特定多数に提供されているため大規模であり安価に利用できますが、融通が利きません。一方、プライベートクラウドは自社専用なので融通は利きますが、規模を大きくできないためそれほど安価にはなりません。そこで複数のクラウド展開モデルを組み合わせる手法が考えられました。これが**ハイブリッドクラウド**です。

　ハイブリッドクラウドは、ほとんどの場合プライベートクラウドとパブリッククラウドの組み合わせとなります。また、従来型のオンプレミスシステムとパブリッククラウドの連携もハイブリッドクラウドに含める場合があります。

　1つの会社には複数の業務があり、すべてのサーバーをプライベートクラウドにする必要はありません。パブリッククラウドでも問題ない場合はパブリッククラウドを使い、セキュリティ要件などの制約がある場合はプライベートクラウドを使います。一般にプライベートクラウドはサーバーやストレージの余裕が少ないので、需要に変化がない部分をプライベートクラウドで実行し、変動部分をパブリッククラウドで吸収することもあります。

[ハイブリッドクラウド]

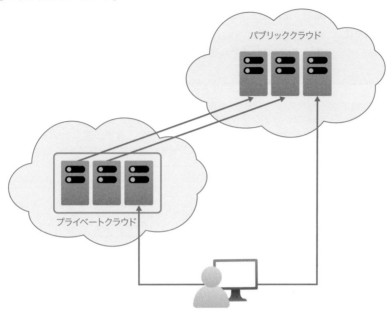

　ハイブリッドクラウドの利点は、パブリッククラウドとプライベートクラウドの利点を兼ね備えた「いいとこ取り」ができることです。たとえば、普段は自社のサーバーを使っていて、負荷が上がったときだけ一時的にパブリッククラウドのサーバーを割り当てるような使い方ができます。また、大規模災害で自社のデータセンターが損傷した場合、一時的にパブリッククラウドを使うようなケースもあります。

　ただし、複数のクラウドを連携させるには、ネットワークなどの構成が複雑で、運用コストが上昇する可能性もあります。

　マイクロソフト製品では、プライベートクラウド管理製品である「System Center」にAzure管理機能を追加してハイブリッドクラウドを構成できるほか、最初からハイブリッドクラウド管理用に設計された製品群「Azure Stack」を使うこともできます。

　また、マイクロソフトはオンプレミスや他社クラウドの仮想マシンをAzureの管理ツールから管理するための「Azure Arc」も提供しています。これも一種のハイブリッドクラウドですが、複数のパブリッククラウドを統合することから「マルチクラウド」と呼ぶ場合もあります。

試験対策　ハイブリッドクラウドは、プライベートクラウドとパブリッククラウド、またはオンプレミスシステムとパブリッククラウドを組み合わせたものです。Azure Arc はパブリッククラウドである Azure と、オンプレミスシステムを連携できるため、ハイブリッドクラウドの一種です。

試験対策　ハイブリッドクラウドの典型的な使い方は、普段はプライベートクラウドやオンプレミスのサーバーを使い、負荷が高くなったときや緊急時にだけパブリッククラウドを利用するケースです。

5　展開モデルの選択基準

　マイクロソフトは、パブリッククラウドとしての Azure、プライベートクラウドとしての System Center、ハイブリッドクラウドとしての Azure Arc や Azure Stack および System Center を提供しており、どのクラウドを選択するかは顧客次第であるとしています。しかし、どちらかというと Azure の優先度が最も高いようです。そのため、試験対策として考えた場合、プライベートクラウドやハイブリッドクラウドは、パブリッククラウドを補完するものとして考えたほうがよいでしょう。

　つまり、まずパブリッククラウドを想定し、パブリッククラウドでは提供されていなかったり、必要な要件を満たさなかったりする場合にのみプライベートクラウドの利用を検討します。そして、プライベートクラウドを利用する場合でも、単独ではなく「ハイブリッドクラウドの一部としてのプライベートクラウド」を考えます。つまり純粋なプライベートクラウドではなく、実質的なハイブリッドクラウドを想定してください。

　ここで、典型的な選択基準をいくつか紹介しましょう。すでに説明した内容と重複する部分もありますが、復習を兼ねて理解を確認しながら読み進めてください。

● ケース1：初期投資と運用コストを最小限に抑えながら、IT基盤を入れ替えたい…パブリッククラウド

ほとんどのパブリッククラウドは、初期費用ゼロで契約が可能なため、初期投資はありません。また、巨大なデータセンターのスケールメリットを活かして、管理コストが大きく下がっています。そのため、運用コストも抑えられます。

ただし、管理作業の内容やタイミングはクラウドプロバイダーが決めるため、予期せぬ問題が起きる可能性があります。どのパブリッククラウドも、1年に1度くらいは世界中のどこかで軽微な障害を起こしています。必要に応じてシステムの二重化を行い、より可用性の高い構成にすることが重要です。

● ケース2：最新技術をいち早く導入したい…パブリッククラウド

パブリッククラウドには大きな投資が行われており、最新技術を反映した新しいサービスが次々と登場しています。パブリッククラウドを使うのは、単にコストを抑えるだけでなく、新しい技術をいち早く利用して企業の競争力を高めるための最適な選択です。

クラウドにすら搭載されないまったく新しい技術は、仮想マシンなど既存のサービスを使うことになります。この場合でも、パブリッククラウドを使えば、サーバーを何台も使ってシステムを構築しては壊すという試行錯誤を、何度でも繰り返せます。プライベートクラウドでも仮想マシンの作成は簡単にできますが、リソースの余裕があまりないことが多く、「好きなときに好きなだけ作成する」というわけにはいきません。

● ケース3：既存のシステム投資を維持しつつ、増大する負荷に対応したい…ハイブリッドクラウド

既存のシステムを廃棄するのもコストがかさみます。特に自社でデータセンターを持っている場合は、パブリッククラウドへの全面移行は相当なコストがかかります。「既存システムの廃棄」も一種の「(移行のための)初期コスト」です。そこで、現在のオンプレミス環境とは別にパブリッククラウドを追加利用することがあります。

たとえば、オンプレミスシステムの能力が不足した場合にパブリッククラウドの助けを借りる構成（次図［オンプレミスシステムの能力をパブリッククラウドで補う］）は、ハイブリッドクラウドの典型的な利用例です。このときオンプレミス側は、サーバーハードウェアの寿命とともに構成を縮小していき、最

終的にすべてをパブリッククラウドに移行することもできるでしょう。オンプレミス側のサーバーを削減することで、コストを最適化できます（次図［パブリッククラウド完全移行後のサーバー最適化］）。

[オンプレミスシステムの能力をパブリッククラウドで補う]

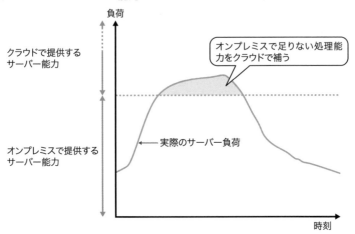

[パブリッククラウド完全移行後のサーバー最適化]

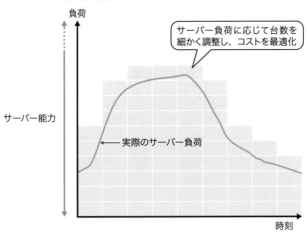

● ケース4：既存のシステム投資を維持しつつ、利用者の自由度を上げたい…プライベートクラウド

「オンプレミスとプライベートクラウドはどう違うのか」という質問をよく受けます。ハードウェア的には、オンプレミスとプライベートクラウドは同じ構成の場合もあるからです。

本章の「1-2　クラウドを定義する用語と特徴」では、「要するに『必要な機能を、必要なときに、必要なだけ使って、使った分だけ払う』のがクラウドの特徴です」とまとめました。パブリッククラウドの場合は「（パブリッククラウドが提供するサービスの中から）必要な機能を、必要なときに、必要なだけ使って、使った分だけ払う」となります。これに対して、プライベートクラウドの場合は「（IT部門が提供するサービスの中から）必要な機能を、必要なときに、必要なだけ使って、使った分だけ払う（コストを負担する）」と考えられます。

実際には、プライベートクラウドでは利用者がコスト負担を意識していないことが多く、また、サービス利用に必要な作業を利用者部門ではなくIT部門が行うこともあります。しかし「必要な機能を、必要なときに、必要なだけ使う」原則に違いはありません。

すでに安定したオンプレミスシステム基盤を持っている場合は、Microsoft System Centerなどのソフトウェアを導入することで、プライベートクラウドとして再構成できます。System Centerを使うと、あらかじめ定義しておいた仮想マシンテンプレートから、簡単にすぐに仮想マシンを展開できます。

● ケース5：システム保守の内容やスケジュールを自社の判断で決定したい…プライベートクラウド

パブリッククラウドの最大の欠点は、個々の利用者の要望を必ずしも受け入れてくれないということです。パブリッククラウドは多くの顧客を抱えていますから、1社や2社が要望を出してもなかなか聞き入れてくれません。すべてを自社で管理したい場合は、プライベートクラウドが最適な選択肢となります。ただし、その代償として高価な管理コストを負担する必要があります。

プライベートクラウドの構築にはコストが発生しますが、すべてが自社の管理下にあり、自社のポリシーに合わせた運用ができます。

1-4 従量課金モデル

ここまでで、クラウドの主な概念を、使い勝手のよさや機能面から説明してきました。ここからは会計的な側面から説明します。すでに説明した内容との重複もありますが、技術面ではなく、会計という観点からクラウドの特徴について理解を深めてください。

1 規模の経済：安く上げたい

ビジネスにおいて「経費は小さく、利益は大きく」というのは大原則です。サーバーを安く使うことができれば、それに越したことはありません。クラウドでは、巨大なデータセンターを作ることでハードウェア調達コストと運用コストを下げています。

大量生産は、製品単価を下げるために大きな効果をもたらします。それと同様に、データセンターも大規模であるほど費用効率が高くなります。2009年に発表された論文[1]では、サーバー1,000台クラスのデータセンターと5万台クラスのデータセンターを比較しています（調査は2006年）。その結果、ネットワーク、ストレージ、システム管理、いずれにおいても5〜7倍のコスト差があったということです（次表）。

Azureの場合、1つのリージョン（地域）あたり最大16棟のデータセンターがあり、総サーバー数は60万台に達するそうです[2]。これは2014年の情報なので、現在はさらに規模が大きくなっているかもしれません。いずれにしても、一般企業が所有するデータセンターに比べれば桁違いに大きな規模となっています。

これだけ大きなデータセンターを構築するには相当な初期費用がかかりますが、運用が始まってからのコストが下がるので、低価格でサービスを提供できます。

※1　Reliable Adaptive Distributed Systems Laboratory調べ"Above the Clouds: A Berkeley View of Cloud Computing"（2009年2月10日), 米カリフォルニア大学バークレイ校（UC Berkeley）
https://www2.eecs.berkeley.edu/Pubs/TechRpts/2009/EECS-2009-28.pdf

※2　「マイクロソフトの最新データセンター事情。リージョンあたり16棟のデータセンターと60万台のサーバ」
https://www.publickey1.jp/blog/14/1660.html

[データセンターの費用効率]

コストの種類	データセンターの規模		倍率
	中規模（1,000 台）	大規模（5 万台以上）	
ネットワークコスト	1M ビット / 秒の通信回線あたり		7.1 倍
	月額 95 ドル	月額 13 ドル	
ストレージコスト	1GB の容量あたり		5.7 倍
	月額 2.2 ドル	月額 0.40 ドル	
管理コスト	1 管理者あたりの管理台数		7.1 倍
	140 台	1,000 台以上	

試験対策　大規模なデータセンターのほうが運用コストは低くなり、安価に
サービスを提供できます。

2　固定費から変動費へ：早く黒字化したい

　大規模データセンターを利用することで、安価にサービスが提供できるよう
になりますが、安いことだけが利点ではありません。以下に示すとおり、クラ
ウドを使うことで、赤字転落を防ぎ、すぐに黒字になる可能性を高められます。

　会計に詳しい人には常識でしょうが、エンジニアの方にとっては聞き慣れな
い言葉が登場するかもしれません。しかし、大事なことなので基本的な考えは
理解してください。

　ビジネスを進める上で、売り上げに関係なく固定でかかる費用を「固定費」ま
たは「資本的支出」と呼びます。英語では「Capital Expenditure」と呼び「CapEx
（キャップエックス）」と略します。

　これに対して、売り上げに連動して変化する費用を「変動費」または「運営支出」
と呼びます。英語では「Operational Expenditure」と呼び「OpEx（オップエッ
クス）」と略します。

　固定費が大きいと、なかなか黒字になりません。一方、変動費が大きいと、い
くら売れても利益が上がりません。どちらも小さいほうが望ましいのですが、「赤
字になるかならないか（固定費）」と「利益が少ないか多いか（変動費）」を考え
ると、固定費が大きいほうがより深刻な問題であることがわかります。

[固定費と変動費]

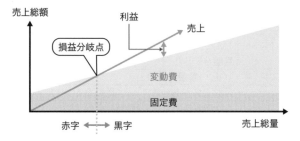

現在、スタートアップ企業の大半がクラウドを使っていますが、固定費を削減することで早期に黒字化するというのが理由の1つです。

クラウドを使うことで、すべてのコストは変動費となり、固定費は発生しません。月額固定料金のサービスはあるものの、そのサービスを使わなければ翌月からは課金されません。

もちろん、変動費にするだけで利益が出るわけではありません。高価な変動費を負担することは、当然赤字の原因になります。

実はクラウドでは、すでにあるオンプレミス環境とまったく同じ構成を展開した場合、かえって高価になることがよくあります。

ほとんどのクラウドには、価格を下げるためのさまざまな機能が用意されています。コストを下げるには、これらの機能を効果的に組み合わせて使う必要があります。適切にクラウドの構成を行えば、オンプレミスに比べてコストを大きく下げることができるはずです。

なお、クラウドを使うことで、データセンターの建物の保守料金や、データセンター勤務者の給与などを計上する必要がなくなります。コストを算出する場合は、こうした点にも注意してください。

試験対策　クラウドを使うことで、固定費を削減できます。変動費については必ずしも下がるとは限りませんが、下げる工夫が可能なので、「変動費も下がる」と理解してください。

3　従量課金型の料金モデル

クラウドの基本は従量課金型の計算モデル、つまり消費ベースモデルです。ここでは、例としてAzureの仮想マシンの価格を計算してみましょう。

● Azure仮想マシン費用の計算例

　次ページの表のパラメーターで展開された Web サーバー 2 台の高可用性構成で、データベースサーバーなど他のサーバーは利用しないものとします。Azure を含め、ほとんどのクラウドではデータセンターの場所（リージョン）によって価格が違います。ここでは東日本リージョンを選択しました。

[仮想マシンの構成例]

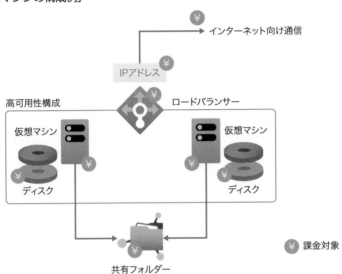

　なお、ここではロードバランサーに IP アドレスを割り当てていますが、ロードバランサーを使わず、仮想マシンに直接 IP アドレスを割り当てることもできます。

　次ページの表を見ると、仮想マシンの価格が突出して高いことに気付くでしょう。一般にクラウドの仮想マシンは高価なので、少しの節約で大きな効果が得られます。たとえば、夜間の高可用性構成をあきらめ、夜 8 時から朝 8 時まではサーバー 1 台構成にすると、以下の計算のとおり仮想マシン料金を 25% 減らせます。クラウドでは仮想マシンが最も高価なので、仮想マシンの料金削減は大きな効果があります。

- **全台全日稼働の仮想マシン利用時間**：1 日あたり 2 台 ×24 時間＝ 48 時間
- **1 台半日稼働の仮想マシン利用時間**：1 日あたり 1 台 ×24 時間＋ 1 台 ×12 時間＝ 36 時間

Azure の仮想マシンの課金は、秒単位で計測され、1 分未満の料金は切り捨てられます。ただし最低課金単位は 1 分です。つまり、仮想マシンが利用可能になって 1 秒から 1 分 59 秒までは 1 分の課金、2 分から 2 分 59 秒までが 2 分の課金となります。

また、明細書には 30 分使うと「0.5 時間」のように、時間単位で記載されます。

[仮想マシンの価格例（東日本リージョン）]

	SKU（種類）	単価	使用量	1 か月平均料金 （365 日分÷12）
仮想マシン （OS ライセンス料金を含まない）	D2 v3 ・2 コア CPU ・8GB メモリ ・Ubuntu OS	約 19 円／時間 （分単位課金）	2 台	約 28,000 円
システムディスク	Standard HDD 30GB （S4）	約 230 円／月 ＋操作コスト 1	2 台	約 460 円 操作コスト除く
共有フォルダー （Azure Files）	Standard	使用 GB あたり約 4.5 円／月 ＋操作コスト 2	30GB	約 135 円 操作コスト除く
ロードバランサー	Basic	無料	不使用	0 円
	Standard	はじめの 5 ルール約 3.7 円＋操作コスト 3	1 台	2,701 円 操作コスト除く
パブリック IP アドレス	Standard	約 0.75 円／時間	1 個	約 540 円
帯域幅使用料 （Azure から外部へ）	Azure からの出力 100GB まで：無料 100GB 〜 10TB：約 13 円／月（出力 GB あたり）		200GB	約 1,300 円
1 か月使用料合計				約 33,000 円

操作コスト 1…アクセス 1 万回あたり約 0.07 円
操作コスト 2…読み取り 1 万回あたり約 0.8 円／書き込み約 9.7 円など
操作コスト 3…約 0.75 円／GB　　　　　　　　　　　　※ 本書の執筆時点での価格

　仮想マシンを停止（割り当て解除）すると、仮想マシン料金はゼロになります。単に仮想マシンをシャットダウンしただけでは課金は継続してしまいます。割り当て解除を行うには、Azure の管理ツールから仮想マシンを停止させます。ただし、仮想マシンが使用する仮想ディスクについては課金が継続します。また、共有フォルダーやロードバランサーには課金を停止する機能がありません。

　パブリック IP アドレスには Standard と Basic の 2 種類があり、Standard は課金を停止できません。Basic の場合で稼働時のみ IP アドレスを与える構成にした場合は非稼働時に課金を停止できます。

ストレージにはアクセス回数に基づいた課金（トランザクションコスト）が発生します。アクセス回数の厳密な予測は極めて困難なので、正確な見積もりを出すことはできません。これもクラウドの特徴です。電気代や水道代を厳密に予測できないのと同じように考えてください。

クラウドでは、不要なサービスを止めることで料金を節約できます。Azure では、仮想マシンを停止（割り当て解除）すると、その間の仮想マシン料金はゼロになります。

試験対策

仮想マシンを停止して「割り当て解除」状態にすることで仮想マシンの課金を停止できます。ただし、仮想ディスクの課金は継続します。割り当て解除により、仮想マシンが使用するハードウェアは解放されますが、仮想ディスクの領域は解放されないためです。

試験対策

仮想マシンを利用する場合、課金対象となるのは「仮想マシン」（割り当て解除で課金停止）、「ディスク」（削除で課金停止）、「パブリックIPアドレス」（Basicの場合はアドレス解放で課金停止）の3つです。

試験対策

Basic パブリック IP アドレスは 2025 年 9 月 30 日で廃止されるため、試験に出る可能性は低いと思われます。

参考

なお、Azure を含め、多くのクラウドでは、仮想マシン以外は内部で二重化または三重化されており、特に指定しなくても高可用性構成になっています。しかし、既定の可用性レベルが利用者の求めるものと一致するとは限りません。利用者は、必要に応じて可用性レベルを上げるための工夫を行う必要があります。既定の可用性レベルを最小限に抑えることで料金を最小化できるのが利点ですが、そのままでは要求する可用性を満たさないこともあり得ます。

Q 演習問題

1 クラウドコンピューティングを利用した場合の利点として、適切なものを1つ選びなさい。

    A.   一般的なネットワーク技術を使うので、広範囲に利用できる

    B.   専用の回線を使うので安全

    C.   組織ごとにハードウェアを占有できるので安定した利用が可能

    D.   常に同じ金額なので予算が立てやすい

2 クラウドコンピューティングについての説明として、正しいものを1つ選びなさい。

    A.   安全性を確保するため、インターネットには原則として接続しない

    B.   クラウドサービスの利用には特別な接続技術が必要であり、通常のインターネットとは別の契約が必要である

    C.   原則としてインターネット経由で利用するが、インターネットを経由せずに利用するサービスもある

    D.   すべてのサービスはインターネット上でのみ提供されている

3 パブリッククラウドサービスの利点について、適切なものを1つ選びなさい。

    A.   仮想化技術を使うことで、利用者ごとに独自のきめ細かなサポートが提供される

    B.   高度な機能を提供するため、料金が割高になる

    C.   大規模なデータセンターを利用することで、運用コストを抑えられる

    D.   利用者は、クラウドが提供する安全なデータセンターの敷地内で作業ができる

4 パブリッククラウドを使った場合の特徴について、正しいものを 2 つ選びなさい。

    A.   固定費（CapEx）が上がる

    B.   固定費（CapEx）が下がる

    C.   変動費（OpEx）が上がる

    D.   変動費（OpEx）が下がる

5 標準的な値で作成した Azure で仮想マシンを停止し、割り当て解除状態にしました。課金対象として正しいものを 1 つ選びなさい。

    A.   仮想ディスクのみ課金対象となる

    B.   仮想マシンと仮想ディスクの両方が課金対象となる

    C.   仮想マシンのみが課金対象となる

    D.   仮想マシンも仮想ディスクも課金対象から外れる

6 クラウドサービスが提供するコンピューティング能力についての説明として、正しいものを 1 つ選びなさい。

    A.   多くのクラウドサービスでは、1 か月単位でサービスを提供するため、性能の見直しは 1 か月単位で行う

    B.   急な負荷変化に対応できるよう、クラウドサービスの利用時は十分に余裕を持った性能を指定すべきである

    C.   クラウドサービスでは、サーバー性能を上げることは容易だが、下げるには制限がある場合が一般的である

    D.   クラウドサービスでは、性能の増減が手軽にできるので、初期段階では厳密な性能設計をせず、運用しながら調整できる

7 クラウドサービスが提供するリソースの特徴として適切なものを 1 つ選びなさい。

A. 迅速にリソースを確保でき、不要になればすぐに解放できる

B. 迅速にリソースを確保できるが、解放は課金月の月末までできない

C. リソースの確保と解約は課金月単位で行う

D. リソースの確保は翌課金月のはじめまで待たされるが、不要になればすぐに解放できる

8 クラウドサービスの課金の特徴として、最も一般的なものを1つ選びなさい。

A. 事前に宣言した分だけ支払う「宣言ベース」モデル

B. 実際に消費した分だけ支払う「消費ベース」モデル

C. 使用予定に応じて事前に金額を交渉する「交渉ベース」モデル

D. 予定する使用量を予約する「予約ベース」モデル

9 以下のクラウドのうち、運用コストを最小化できるのはどの展開モデルですか。最も可能性が高いものを1つ選びなさい。

A. コミュニティクラウド

B. ハイブリッドクラウド

C. パブリッククラウド

D. プライベートクラウド

10 社内システムを拡張したいけれども、データセンターの新規契約をしたくないので、パブリッククラウドを使おうと考えています。どの展開モデルを使うのが最も適切と思われるか、1つ選びなさい。

A. コミュニティクラウド

B. ハイブリッドクラウド

C. パブリッククラウド

D. プライベートクラウド

A 解答

1 A

クラウドコンピューティングは一般的なネットワーク技術を使うため、広範囲なアクセスが可能です。

2 C

クラウドコンピューティングは、一般にはインターネットを利用しますが、専用の回線を使う場合もあります。いずれの場合にも広く使われている技術だけを使うので、特別な技術は不要です。

3 C

大規模なデータセンターのほうが運用コストが低くなり、安価にサービスを提供できます。ただし、利用者ごとのきめ細かなサポートはある程度犠牲になります。また、パブリッククラウドのデータセンターに入館して作業することはできません。

4 B、D

クラウドでは固定費を変動費に切り替えるため「固定費が下がる」ことになります。その分変動費が増えるはずですが、大規模データセンターは費用効率がよいこと、クラウドはコストを削減するためのさまざまな工夫を提供していることから、解答としては「固定費が下がる」と「変動費が下がる」の両方が正解となります。

5 A

Azure の仮想マシンは割り当て解除状態にすることで、サーバー価格が発生しなくなります。ただし、仮想ディスクは保持されるため、こちらに対しては継続的に課金されます。

6 D

クラウドサービスは、性能の増減が柔軟にできるため、最初から厳密な性能設計をしなくても、運用中に調整することが可能です。性能の増減に制約があるサービスもありますが、ほとんどの場合は増減ともに制約はありません。

7 A

クラウドサービスは迅速な伸縮性を持ち、必要に応じてすぐにリソースを確保できます。また、不要になればすぐに解放できます。

8 B

クラウドサービスの課金は、実際に消費した分だけ支払う「消費ベース」モデルが一般的です。契約によっては、金額交渉を行ったり、年間予約による割引があったりしますが、基本となるのは消費ベースモデルです。

9 C

パブリッククラウドは、不特定多数に提供されるため、大規模環境を構築しやすく、コストを下げられる可能性が高まります。

10 B

既存のデータセンターはそのまま残し、ほかのクラウドと組み合わせる形態が「ハイブリッドクラウド」です。「社内システムを拡張したい」は「社内システムが使っている既存のデータセンターを残したい」という意味であることに注意してください。

第2章

クラウドサービスの利点とリスク

2-1 高可用性とスケーラビリティ

クラウドを使う利点の1つに、高可用性とスケーラビリティがあります。両者は異なる概念ですが、同時に実現する方法もあります。

1 サーバーの運用で重要なこと

サーバーの運用では以下のことが重要です。

- **いつでも使えるのか？**…1日24時間週7日、停止することなく使いたい
- **どこかが壊れても大丈夫か？**…一部が壊れてもサービスは止まらない
- **大地震や津波で全部が壊れても大丈夫か？**…全部が壊れてもすぐ切り替え可能
- **性能不足にならないか？**…どんどん性能を上げていける
- **利用者が増えても大丈夫か？**…負荷が増大しても安定して動作する
- **要件が頻繁に変わるのだが大丈夫か？**…変化に素早く対応

オンプレミスでこうした要求に応えるには、大きな投資が必要になります。一方、クラウドでは最小限の支出ですべてが実現できます。また、基本的な考え方が違う部分もあります。オンプレミスとクラウドで同じ部分と違う部分を意識して理解してください。

2 高可用性（High Availability：HA）…いつでも使いたい

利用者にとって重要なことは「いつでもそのサービスが使える」ということです。「そのサービスが使えるかどうか」「サービスが使える度合い」を**可用性**（availability）と呼びます。

「アベイラブル（available）」は「入手できる」「利用できる」という意味で、その名詞形が availability です。可用性が高い、つまり「いつでもサービスを利用できる能力」を**高可用性**（High Availability）と呼びます（略称は HA）。高可用性は「サービスが止まらない」という意味で使い、内部的な障害が部分的

66

に発生することは許容します。

　たとえば、多くのコンビニエンスストアは1日24時間週7日営業しています。つまり、コンビニエンスストアは高可用性を実現しているといえます。しかし、店員が「急病で倒れた」「交通遅延で遅刻する」といったトラブルは日常的に起きています。こうした場合、店長の判断で、少ない店員で営業したり、代理の店員を手配したりするでしょう。

　ITシステムで「少ない店員でやりくりする」とは、障害を起こしたサーバーを取り除いて少ない台数でサービスを継続することです。これを**縮退運転**または**縮退運用**と呼びます。

[高可用性の例]

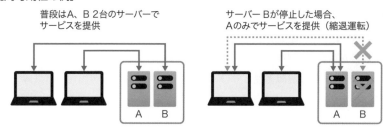

普段はA、B2台のサーバーでサービスを提供

サーバーBが停止した場合、Aのみでサービスを提供（縮退運転）

A　B

A　B

　一方「交代要員（代替となるサーバー）を瞬時に手配する」ことを**フェールオーバー**と呼びます。

　障害発生に備え、あらかじめ交代要員（予備）を用意しておくことを**冗長化**といいます。冗長化は大きく2種類に分けられます。予備の設備に他の処理を行わせず待機させておく方式と、普段から余裕のある構成で運用し、一部に障害が発生しても残りの設備だけで動作できるようにしておく方式です。たとえば、店舗に最低限、2人の店員がいないと運営できないコンビニエンスストアであれば、いざというときに備えて3人目に自宅待機させておく方式と、常に3人を店舗に勤務させる方式があります。どちらを使うかはサービス設計者が決めます。

　冗長化することでコストはかさみますが、可用性は高まります。クラウドでもオンプレミスでも、可用性を高めるために二重化（同じものを2つ用意する）または三重化が行われます。

　ほとんどのITシステムで高可用性が求められますが、クラウドでは特に重要

です。それは、パブリッククラウドが提供するサービスが自社の管理下になく、いつ停止するか自社のIT部門では責任が持てないためです。パブリッククラウドを使うときは「サービスが止まる可能性」を常に意識しておく必要があります。

ただし、これは「クラウドは止まりやすい」というわけではありません。クラウドの可用性は、適切に管理されたオンプレミスのITシステムと大きく変わらないとされています。可用性の高い低いではなく、自社でコントロールできるかできないかという点が重要です。

3 **フォールトトレランス（Fault Tolerance：FT）**
…一部が壊れても大丈夫

「サービスがいつでも使える」ということは、「障害があっても耐えられる」ということになります。IT分野では、「障害があってもサービスが停止しない能力」あるいは「一時的に停止をしてもビジネスに損失を与えない程度の時間（通常は数秒から数分以内）で自動復旧する能力」を**フォールトトレランス（Fault Tolerance）または耐障害性**と呼びます（略称はFT）。「高可用性」は「障害の有無にかかわらずいつでも使えること」で、「フォールトトレランス」は「障害があっても利用可能であること」なので、結局は同じ意味を指しています。フォールトトレランスの形容詞形が「フォールトトレラント（fault tolerant）」です。

AZ-900の試験項目においてFTは独立した項目としては存在しませんが、重要な考え方なのでHAとセットで理解してください。

4 **災害復旧（Disaster Recovery：DR）**
…全部が壊れてもすぐ切り替える

高可用性構成にすることで、いつでもサーバーが使えるようになります。しかし、本当に「いつでも」といえるでしょうか。大規模な災害などでデータセンターが丸ごと停止したらどうでしょう。

通常、高可用性は同一のデータセンターや同一の地域に複数のサーバーを配置（冗長化）することで実現しています。そのため、データセンターが丸ごと停止した場合や、巨大な災害で地域が全滅した場合は対応できないかもしれません。たとえば、電力会社の送電線障害などはデータセンターではなかなか対応できません。

「大規模災害などによるサービス停止から復旧すること」を**災害復旧（Disaster**

Recovery）と呼びます（略称は DR）。「災害復旧」は、大規模災害などによる障害が起こったあとで迅速に復旧することが目的です。

災害復旧の主な手法は以下の3種類です。どの方法を使うかは、許容される停止時間と作業の手間、そして予算によって選択します。

- データセンターをまたいだ高可用性構成
- 地域をまたいだ複製
- バックアップ

● **データセンターをまたいだ高可用性構成**

多くのクラウドには、数kmから数十km離れた場所にある複数の仮想マシンを使って高可用性を実現する機能があります。このとき、単一の、または近接するデータセンター群をまとめて可用性ゾーン（Availability Zone：AZ）と呼びます。複数の AZ に分散して冗長化をした場合、切り替えにかかる時間はほぼゼロです。

オンプレミスでデータセンターをまたいだ高可用性構成を実現するには、別のデータセンターと契約する必要があります。しかし、何年かに1度しか起きないような災害のために大きなコストをかけるのは現実的ではありません。

● **地域をまたいだ複製**

たとえば、普段は東京で稼働しているサーバーの予備を大阪に用意しておき、災害発生時にすぐ切り替える方法があります。予備機には、本番機のデータを数分おきにコピーすることで、最新データを保存します。Azure にはこうした複製を自動化する機能が提供されています。この場合、複製からサーバーを復旧するのにかかる時間は数分程度です。

データセンター管理地域の単位をリージョンといいます。Azure には、別のリージョンまたは別の AZ に対してデータを複製する機能が備わっています。Azure では、リージョンの場所は都道府県まで公開されています。日本には東日本リージョン（東京と埼玉）および西日本リージョン（大阪）があります。そのため、東日本のデータを西日本に複製しておくことができます。AZ 間が数km〜数十km 離れているのに対して、リージョンは数百km も離れています。なお AZ の場所は公開されていません。たとえば東日本リージョンは東京と埼玉にまたがっており、3つの AZ が存在します。しかし、3つの AZ のどれが東京でどれが埼玉かは公開されていません。よって、別リージョンに複製するほうが安全ですが、

複製のための通信料金が増えるなどの欠点があります。

　オンプレミスでは、別地域のデータセンターと契約した場合、現地に出かけるために何時間もかかってしまいます。クラウドではインターネットを使ってあらゆる作業をどこからでも行えます。

[可用性ゾーンと地域（リージョン）の例]

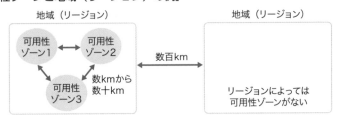

● バックアップ

　地域をまたいだ高可用性構成や複製構成は案外面倒です。そこで「どうせ滅多にないことだから、復旧に少々時間がかかっても手軽な方法を選ぼう」という場合もあります。どの程度の停止時間を許容するかはビジネス上の要求によります。

　Azureを含め、多くのクラウドはバックアップサービスを提供しています。バックアップからの復元にかかる時間は数分から数十分程度です。

　オンプレミスの場合、バックアップからの復元は滅多に行う作業ではないため、しばしばトラブルが発生します。クラウドのバックアップと復元はほとんどが自動化されており、ミスの発生する余地が少なくなっています。

● RPOとRTOの最小化

　バックアップを行ってから障害が発生するまでの時間を **RPO**（Recovery Point Objective）と呼びます。最後のバックアップから障害が発生するまでの間にもデータは蓄積されているはずなので、RPOは「失われた時間（データが失われる期間）」を意味するとともに、データ復旧の目標地点を指します。

　これに対して、障害発生から復旧までの時間を **RTO**（Recovery Time Objective）と呼びます。RTOは「サービスが利用できない時間」を意味するとともに、データ復旧にかかる目標時間を指します。

　RPOとRTOはどちらもゼロとなるのが理想的です。Azureの「サイトリカバ

リーサービス」を使うことで、RPO を数分、RTO を数十秒に抑えることができます。

[RPOとRTO]

試験対策

クラウドの障害対策として「高可用性」と「フォールトトレランス」を利用する場合は、ほぼ無停止でサーバーを継続利用できます。「災害復旧」を利用する場合は、数分から数十分の復旧時間を許容するのが一般的です。

5　スケーラビリティ（scalability）…どんどん性能を上げていける

　単に使えるだけでなく、快適に使いたいという要求もあります。「サービスは起動しているのだが、どうも反応が悪い」というのでは使う気をなくします。小売業界では「応答時間が 1 秒遅くなると 1 割の機会損失」という説もあるそうです。ただし、性能は高ければ高いほどよいわけではありません。性能を上げることでコストも上昇するため、必要以上の性能は無駄なだけです。

　コンピューティング能力を増やしたり減らしたりできること、特に「自由に増やせる能力」を**スケーラビリティ**（scalability）と呼びます。また、サービス規模を大きくできることを「スケールする（scaling）」というように動詞としても使います。多くのクラウドは、高いスケーラビリティを持ちます。

　スケーラビリティには、単体性能を上げる**スケールアップ**（垂直スケーリング）と、台数を増やすことで全体性能を上げる**スケールアウト**（水平スケーリング）があります。

[スケールアップとスケールアウト]

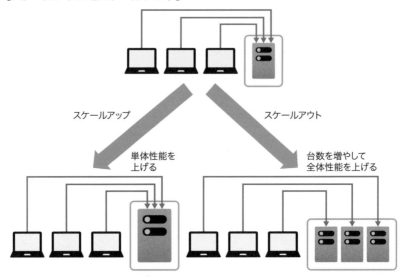

　ここで、多くの荷物をトラックで運ぶことを考えてみましょう。この場合、大きなトラックを使う（たとえば軽トラックを4トントラックにする）方法と、多くのトラックを使う方法があります。多くのトラックで分担するほうが、より多くの荷物に対応できます（スケールします）。一方で、そもそも荷物が分割できない場合は分担することができないため、トラックのサイズを大きくする必要があります。トラックのサイズを大きくするのがスケールアップ、多数のトラックで分担するのがスケールアウトに相当します。

　スケールアップは、サーバーの処理能力を向上させるため、たいていのサービスで能力を拡大できます。軽トラックよりも4トントラックのほうが、常に大きな荷物を多く運べるのと同じです。しかし、スケールアップの性能向上幅はそれほど大きくありません。たとえば40トンの荷物を搭載可能なトラックは一般には入手できません（大型トラックの最大積載量は20トンから25トンです）。また、スケールアップ（およびその逆のスケールダウン）には、ほとんどの場合サーバーの再起動が必要です（Azureの場合は再起動が必須です）。

　一方、スケールアウトは適用可能な領域が限られます。効果的なサービスの代表例がWebアプリケーションです。Webアプリケーションを提供するWebサーバーは、大量の荷物（クライアント）をさばくための分担が簡単だからです。

しかし、リレーショナルデータベース（RDB）に対する効果は限定的です。データベースの構成によってはスケールアウトがまったく使えません（使えないほうが多いくらいです）。RDB は 1 か所で集中管理するため、大きくて重い荷物のようなものだからです。

このようにスケールアウトには本質的な制約があるものの、サーバーの台数を増やすだけで実現できるため性能向上の幅が大きいこと、停止したサーバーを分担対象から外すことで高可用性構成を兼用できることから、クラウドでは好んで利用されます。またスケールアウト（およびその逆のスケールイン）にはサーバーの再起動が不要であることも利点です。

クラウドの場合、スケールアップは常に数分で構成可能です。スケールアウトは、事前にスケールアウト可能な状態で構成していれば、やはり数分でサーバーを追加できます。

オンプレミスの場合、スケールアウトはサーバーの追加が必要なので、納期がかかります。スケールアップはサーバーの交換なので、納期に加えてサーバーの入れ替え作業も必要です。どう考えても数分でできることではありません。

6　伸縮性（elasticity）：利用者がいくら増えても大丈夫

負荷に応じてコンピューティング能力が自動的に変化することを**伸縮性**（elasticity）と呼びます。形容詞は「elastic」で「伸び縮みする」という意味です。**弾力性**と訳されることもあります。

伸縮性とスケーラビリティは非常によく似た概念で、実際に同じ意味で使う人もいますが、目的が違います。「負荷に応じて自動的に調整する機能」を「伸縮性」と呼び、「必要に応じて性能を上げることができる能力」を「スケーラビリティ」と呼びます。結果的には同じ技術を使うことが多いのですが、目的が違うため異なる言葉が割り当てられています。

クラウドが提供するサービスの多くは伸縮性を持ち、負荷に応じて能力を自動的に調整します。またスケーラビリティを持つため、スケールアウトやスケールアップを使って管理者が自由に性能を設定することもできます。そのため、オンプレミスほど厳密な負荷分析をする必要はありません。多くのサービスは何

も考えなくても所定の性能を発揮できますし、試しに利用して、性能に過不足があれば調整すればよいわけです。もちろん、料金は実際に使った分だけしかかかりません。

オンプレミスの場合、サーバーの調達には数日から数週間かかるため、必要な能力をあらかじめ予測する必要があります。また、急な負荷に備えて余裕を持たせることも重要です。しかし、ピークに合わせてサーバーを調達すると、ピーク以外の時間帯はサーバーが無駄に動いていることになります。

試験対策 必要なときに必要な能力を即座に得られ、使った分だけ払えばよいのがクラウドの利点です。過剰な投資は不要ですし、厳密な負荷予測も必要ありません。

7 アジリティ（agility）：変化に素早く対応

ここまでに「いつでも快適にサービスが使える」という話をしました。しかし、「いつまでも同じサービスしか提供しない」というのも困ります。いつでも快適に使えるだけではなく、状況に合わせてサービスを改善し、ユーザーが必要とする新しい機能を提供できるのが理想です。

クラウドの利点は、何事も迅速にできることです。これを**アジリティ**（agility）または**迅速性**と呼びます。**機敏性**あるいは**俊敏性**とも呼びます。アジリティは、クラウドの特徴の1つ「オンデマンドセルフサービス」、特に「オンデマンド」の部分を支える考え方です。クラウドを使うことで、従来のサーバーに比べて、圧倒的に素早く構成できるため、ビジネスのあり方も大きく変化します。

物理的なサーバーの場合、発注から納品まで、早くても数日以上かかりますし、廃棄手続きはもっと面倒です。そのため、何台のサーバーをいつ頃発注するかは非常に重要です。また、入手したサーバーをいつまで使うかという「ライフサイクル」をあらかじめ考えておく必要もあります。

一方、クラウド上に仮想マシンを新規作成するために必要な時間はわずか数分です。廃棄（削除）にはコストはかからないので、必要なときに必要なだけ使って、使い終わったら削除することができます。朝作って夜に削除することも可能です。

　新しいビジネスをスタートする場合、必要最小限のサーバーでスタートして、規模が大きくなれば台数を増やしたり性能を上げたりできます。もしビジネスが失敗しても、最小限の損失で済むため、気軽にスタートできます。

　オンプレミスの場合でも仮想サーバーの導入は進んでいますが、十分な量の仮想マシンを自由に作るだけの余裕がある組織は少ないようです。クラウドでは、十分なリソースがプールされており、安心して使うことができます。

試験対策

「高可用性」「フォールトトレランス」「災害復旧」「スケーラビリティ」「伸縮性」「アジリティ」はクラウドの機能を表すのに重要な用語です。どのような意味を持ち、どのようなシーンで役立つのかをしっかり理解しておきましょう。

第 **2** 章　クラウドサービスの利点とリスク

2-2 信頼性と予測可能性

クラウドは、クラウドプロバイダーによって信頼性に対する保証値が提供されます。また、各サービスの価格も決められているため、サービス利用の費用を予測することができます。

1 信頼性

SLA（Service Level Agreement）とは、サービスを提供する上での保証値です。SLAの値はサービスによって違います。また、複数のSLAが設定されているサービスもあります。代表的なSLAに、稼働率（正常に稼働した期間の割合）やパフォーマンスがあります。SLAを逸脱すると、逸脱の度合いに応じて一定額の返金を受けることができます。

最も一般的なSLAは月間稼働率で、「（1か月で利用できた時間）÷（1か月の総時間）」で表します。たとえば、仮想マシンが9月1日から9月30日の1か月で30分停止した場合は、以下のように計算します。

（（1か月の総分数）−30分）÷（1か月の総分数）
＝（（30日×24時間×60分）−30分）÷（30日×24時間×60分）
＝ 99.93%

そのほか、応答時間や処理性能などのSLAが設定されている場合があります。

Azureには、有償で提供されるすべてのサービスにSLAが設定されています。無償提供のサービスには原則としてSLAは設定されません。これは、SLAを逸脱しても返金のしようがないため、定義する意味がないからです。

試験対策 SLA（Service Level Agreement）は、サービスを提供する上での保証値です。最も一般的なSLAは月間稼働率で、「（1か月で利用できた時間）÷（1か月の総時間）」をパーセンテージで表します。

複数のサービスを組み合わせて使った場合、総合的な SLA は各サービスの SLA をかけ合わせたものになります。たとえば、SLA 99.9% の Web サーバーと、SLA 99.99% のデータベースサーバーを組み合わせたアプリケーションは 99.9% × 99.99% ≒ 99.89% になります。

[総合SLA]

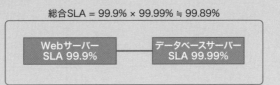

総合SLA = 99.9% × 99.99% ≒ 99.89%

2　予測可能性

クラウドが提供するリソースは適切に管理されており、以下のような予測可能性を実現しています。

● サービスレベル

利用者がクラウドを使って構築したアプリケーションのサービスレベルは、使用したサービスごとに設定された SLA を使って算出できます。そのため、利用者はアプリケーション全体のサービスレベルを予測することができます。

● パフォーマンス

ほとんどのクラウドは、必要なリソースを予測してパフォーマンスを調整する機能を持っています。

パフォーマンス調整によく使われる機能がスケールアウトによる**負荷分散**で、複数サーバーに負荷を分散させて、性能を調整します。負荷分散機能を使うと、サーバー台数を増減することで、最適なパフォーマンスを実現できます。

Azure では、サーバーの負荷を常時測定し、一定の値を上回るとサーバー台数を増やして性能を維持することができます。逆に、一定の値を下回るとサーバー台数を減らしてコストを抑えることができます。この値は、実際の値ではなく予測値を利用することもできます（ただし、予測値を利用できる項目や機能は限られています）。

[負荷分散]

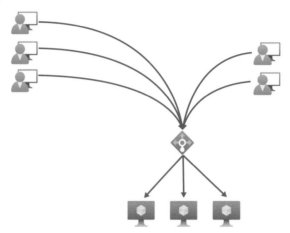

● コスト

　クラウドが提供するサービスは価格が公開されていますが、ディスクのアクセス回数に応じた課金など、事前に予測することが難しい項目もあります。そのため、多くのクラウドではコスト集計ツールを提供しています。

　Azureでは「コスト分析」を使うことで、利用コストの予測を行い、一定の値を超えることが予想されたら通知メールを送れます。また、普段と異なる利用パターンが検出された場合は警告メールを送ることもできます。

[コスト分析ツール]

2-3 セキュリティとガバナンス

通常、パブリッククラウドでは、強力なセキュリティ機能と、適切なガバナンス機能が提供されます。

1 セキュリティ

データセンターや物理マシンの管理はクラウドプロバイダーの責任です。たとえば Azure では、データセンターの入退室管理は厳重に行われ、特別な許可がないと一般利用者は入館できません。また、物理的な盗難に備えてすべてのストレージは暗号化されています。

また、クラウドが提供するサービスの種類によっては OS やミドルウェアのセキュリティ更新はクラウドプロバイダーの責任で自動的に行われます。利用者が意識する必要はありません。

クラウドサービスに関する責任分担を**共同責任モデル（責任共有モデル）**と呼びます。共同責任モデルの詳細は第 3 章で扱います。

2 ガバナンス

ガバナンス（governance）とは「支配・統治・管理」を意味します。ビジネス分野で単に「ガバナンス」といった場合は「コーポレートガバナンス」の意味になり、企業が適切に運営されるように監視・統制する体制を指します。クラウドでは、組織が決めた方針に準拠し、管理者に与えられた権限や規制を逸脱せず、適切に運用するための仕組みを意味します。

クラウドでは、クラウドの構成や管理を特定の利用者だけに限定する機能があります。これを **IAM（ID and Access Management）**と呼びます。

Azure の IAM 機能の中心となるのが、管理権限を制御するための**ロールベースアクセス制御（Role-Based Access Control：RBAC）**で、「誰が」「どのような役割（ロール）を持つか」を定義します。**役割（ロール）**は権利の集合体です。たとえば「仮想マシン共同作成者」という役割は、「仮想マシンの起動」

「仮想マシンの停止」「仮想マシンの更新」など多くの権利を含みます。

3 コンプライアンス

　ガバナンスと似たような意味で使われる言葉に**コンプライアンス**があります。ガバナンスが社内での統制を意味するのに対して、コンプライアンスは法令や社会規範、業界基準などの外部規範に準拠することを意味します。コンプライアンスには、適切なガバナンスを要求する場合もあるため、ガバナンスとコンプライアンスはセットで考えることもあります。

　パブリッククラウドのデータセンターを運営するには、さまざまなコンプライアンス要件を満たす必要があります。パブリッククラウドの運用はクラウドプロバイダーの責任ですが、利用者はクラウドが適切に運用されているかどうかを確認する方法がありません。そこで、クラウドプロバイダーは、さまざまなコンプライアンス標準を満たしていることを第三者に認証してもらうことで、信頼できる運営体制であることを示します。

　また、多くのクラウドで、利用者が利用したクラウドサービスがコンプライアンスに合致しているかどうかを検証する機能も提供しています。たとえば Azure では Microsoft Defender for Cloud で、PCI DSS（国際的なクレジット産業向けのデータセキュリティ基準）や ISO 27001（情報セキュリティマネジメントシステムに関する国際規格）など、各種のコンプライアンスに対応します。

　ただし、ほとんどのコンプライアンスは運用規則なども含むため、Defender for Cloud の評価をパスしたからといって、そのままコンプライアンス要件のすべてを満たすわけではありません。

試験対策　パブリッククラウドでは強力なセキュリティ機能を持ち、さまざまなコンプライアンス基準を満たす仕組みを持っています。

2-4　管理性

クラウドの特徴の1つに「オンデマンドセルフサービス」があります。利用者自身がクラウドサービスを管理するため、管理性（管理のしやすさ）は非常に重要です。

1　クラウドプロバイダーの責任

クラウドプロバイダーは、データセンターや物理環境に責任を追います。そのため、故障したハードウェアの保守はクラウドプロバイダーが行います。ほとんどの場合、ハードウェアの保守は利用者向けのサービスを停止することはなく、利用者に通知なしに行われます。利用者は、ハードウェアの管理作業から完全に解放されます。

サーバーの再起動など、利用者に影響が出る場合は事前に告知があります。また、万一異常が発生した場合は迅速に利用者に通知されます。

2　クラウド利用者の管理作業

クラウドの利用者は、あらゆる管理作業をネットワーク経由で行います。すべての作業はインターネットから行えるため、管理者がいる場所に依存しません。パブリッククラウドでは以下のような管理ツールを提供するのが一般的です。

- **GUI ベースの管理ツール**…Azure では Web ベースの Azure ポータルと、モバイルアプリ（Android および iOS 用）が提供されます。
- **コマンドベースの管理ツール**…Azure では Azure PowerShell と Azure CLI と呼ばれる 2 種類のツールが提供されます。
- **管理機能にアクセスするための API（Application Programming Interface）**…Azure では REST（HTTP を使ったプログラム利用規約）ベースの API が提供されます。利用者は管理機能にアクセスするための API を使って、独自の管理ツールを作成できます。

1 部分的な障害があってもサービスが停止しないように構成したいと考えています。このようなクラウドの能力を何と呼びますか。適切なものを 1 つ選びなさい。

    A.   迅速性（agility）

    B.   高可用性（high availability）

    C.   伸縮性（elasticity）

    D.   スケーラビリティ（scalability）

2 サーバー台数を増減することで、コンピューティング能力を上げたり下げたりできることを何と呼びますか。適切なものを 1 つ選びなさい。

    A.   垂直スケーリング

    B.   水平スケーリング

    C.   スケールレイズ

    D.   スケールワイド

3 サーバー 1 台あたりの性能を増減することで、コンピューティング能力を上げたり下げたりできることを何と呼びますか。適切なものを 1 つ選びなさい。

    A.   垂直スケーリング

    B.   水平スケーリング

    C.   スケールレイズ

    D.   スケールワイド

4 「フォールトトレランス」の説明として正しいものを 1 つ選びなさい。

    A.   部分的な障害があってもサービスが停止しないこと

    B.   部分的な障害があっても数時間以内に復旧すること

    C.   障害が起きないこと

    D.   障害に備えてバックアップからの再展開を自動化すること

5 アジリティを活かしたクラウドの活用例として適切なものを 1 つ選びなさい。

    A.   あらかじめ多くのサーバーを確保しておくことで負荷の急増に対応する

    B.   使用した分だけ支払うことでコストを抑える

    C.   短期間で何度も試行錯誤する

    D.   定期的なバックアップを構成して障害に備える

6 被害領域が数十 km 四方に及ぶ大規模災害にも対応するためには、どのような技法が適切でしょうか。1 つ選びなさい。

    A.   重要なデータは複数の可用性ゾーンに複製する

    B.   重要なデータは複数のサーバーに複製する

    C.   重要なデータは複数のデータセンターに複製する

    D.   重要なデータは複数のリージョンに複製する

7 クラウドプロバイダーが保証するサービス稼働保証を何と呼びますか。適切なものを 1 つ選びなさい。

    A.   ポリシー

    B.   RPO

    C.   RTO

    D.   SLA

8 Azure の RBAC について説明した文として、適切なものを 1 つ選びなさい。

    A.   Azure リソースのコンプライアンス規則を管理する

    B.   Azure リソースの役割管理を行う

    C.   Azure リソースの予算管理を行う

    D.   ユーザーやグループなどの ID 管理を行う

9 コンプライアンスの例として最も適切なものを 1 つ選びなさい。

    A.   サーバー構成を自動化する

    B.   障害を起こしたハードウェアを迅速に交換する

    C.   定期的にバックアップを行う

    D.   法令で決められた規則を遵守する

10 クラウドの管理ツールの特徴として、最も一般的にあてはまる特徴を 1 つ選びなさい。

    A.   GUI ベースのツールやコマンドだけでなく、独自にアプリケーションを作成して、管理 API を呼び出すこともできる

    B.   管理作業を行う前に、管理可能なリージョンを事前に登録する必要がある

    C.   セキュリティ上の理由から、クラウドプロバイダーが提供する GUI ベースのツールまたはコマンドを利用し、独自に作成したアプリケーションから管理 API を呼び出すことはできない

    D.   セキュリティを強化するため、VPN 経由で利用する

解答

1 **B**

「いつでも利用できる能力」が「高可用性」です。「迅速性」は「素早く対応できること」、「伸縮性」は「能力が伸縮自在であること」、「スケーラビリティ」は「能力を拡張できること」を意味します。

2 **B**

台数を増減して性能を調整することを「水平スケーリング」と呼びます。このとき、性能を上げることを「スケールアウト」、性能を下げることを「スケールイン」と呼びます。

3 **A**

1台あたりの性能を増減してコンピューティング能力を調整することを「垂直スケーリング」と呼びます。このとき、性能を上げることを「スケールアップ」、性能を下げることを「スケールダウン」と呼びます。

4 **A**

フォールトトレランス（FT）は、部分的な障害があってもサービスが停止しないこと、または数秒から数分以内に自動復旧することを意味します。

5 **C**

アジリティ（迅速性または機敏性）は、変化に素早く対応したり、新機能を素早く実装したりする能力を意味します。あらかじめリソースを確保しておく必要はありません。

6 **D**

一般に、可用性ゾーン間の距離は数十kmであるのに対して、リージョン間の距離は数百kmあります。大規模災害に対応するには、複数のリージョンに複製してデータを保存します。

7 **D**

クラウドプロバイダーが保証するサービス稼働保証を「SLA（Service Level Agreement)」と呼びます。SLA で保証された稼働率を下回る場合、事前に決められた基準に従って返金されるのが一般的です。

8 **B**

RBAC は「ロールベースアクセス制御（Role-Based Access Control)」の略で、管理権限の集合である「ロール」を管理する機能です。RBAC には予算管理を行うロールもありますが、ロールは予算管理だけを行うわけではないので説明としては不適切です。同様に、RBAC はコンプライアンスにも重要な役割を果たしますが、説明としては不適切です。ユーザーやグループの ID 管理を行うのは Microsoft Entra ID（旧称 Azure AD）です。

9 **D**

コンプライアンスは法令や社会規範、業界基準などの外部規範に準拠することを意味します。コンプライアンス基準によっては定期的なバックアップを要求するものもありますが、常に必要とは限りません。また、自動化することでミスを減らし、コンプライアンス基準を満たしやすくする可能性もありますが、コンプライアンスそのものの例ではありません。

10 **A**

一般に、パブリッククラウドの管理ツールは Web ベースの GUI とコマンドラインツールが提供されます。また、API が公開されており、独自の管理ツールを構成することもできます。

Azure
Fundamentals

第**3**章

クラウドの
サービスモデル

3-1 Webアプリケーションサービス

クラウドで最も広く使われているサービスが「Webアプリケーションサービス」です。ここでは、Webアプリケーションサービスの基本的な機能について説明します。

1 アプリケーションサービス

コンピューターを利用する企業が最終的にほしいものは、ビジネスを助けるツールです。個人であれば、メッセージの交換や、動画や音楽などのエンターテインメントを楽しむためのツールかもしれません。利用者が最終的に使いたい機能を提供するソフトウェアを**アプリケーション**と呼びます。たとえば Microsoft Excel などの表計算ツールや、Microsoft ペイントなどの画像編集ツールがアプリケーションです。企業内でも在庫管理や経費精算など、多くのアプリケーションが使われています。

クラウドで使われるアプリケーションは、クラウドプロバイダーのデータセンターにあり、利用者が所有するわけではありません。クラウドが提供する機能 (サービス) を利用するだけです。そのため「アプリケーション」ではなく**サービス**と呼ぶこともあります。「サービス」は「誰かが提供している機能を使うだけ」というイメージが強いからです。ただし、単に「サービス」だと、コンピューター同士が連携する仕組みも含んでしまうため、「人間が使うサービス」は特に**アプリケーションサービス**と呼ぶこともあります。

2 Webアプリケーションサーバー

アプリケーションサービスを提供する Web サーバーのことを **Web アプリケーションサーバー**と呼びます。また、Web アプリケーションサーバーは、裏でデータベースを利用することもあります。Web アプリケーションサーバーから見ると、データベースサーバーは「データベースサービス」を提供してくれる

わけですが、人間が使うわけではないので「データベースアプリケーションサービス」とは呼びません。

[Webサーバーとデータベースサーバー]

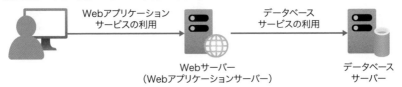

ここまでの言葉をまとめておきましょう。

- **アプリケーション**…人間が使うもので、最終的にほしい機能
- **サービス**…どこかのサーバーが提供する機能。また、人間が介入せず、コンピューター同士の通信のみで使われる場合もある
- **アプリケーションサービス**…どこかのサーバーが提供する機能で、人間が使う、最終的にほしい機能

3 インフラストラクチャとミドルウェア

一般に、アプリケーションは以下の手順で作成されます。

① サーバー用のコンピューターを調達
② OS をインストール（Windows や Linux など）
③ ミドルウェアをインストール（Web サーバーやデータベースサーバーなど）
④ アプリケーションをインストール

ほとんどのクラウドでは、①のステップと②のステップは同時に行われ、Windows や Linux などの OS がインストールされた状態で仮想マシンが提供されます。最も基本的な部分なので**インフラストラクチャ（基盤）**と呼びます（ただし後述するように、厳密には OS はインフラストラクチャの一部ではありません）。

OS の標準機能だけを使ってアプリケーションを構築するのはかなりの手間がかかります。そこで、アプリケーション作成の手助けをしてくれる機能を用意

します。これを「OS とアプリケーションの中間」という意味で**ミドルウェア**と呼びます。代表的なミドルウェアには、Java や Microsoft .NET（マイクロソフトドットネット）があります。

Java はプログラム言語の一種ですが、実行環境とセットで定義されており、機種や OS に依存しないプログラムを作成できます。
一方、Microsoft .NET は、マイクロソフトが作成したプログラム実行環境で、Java と同様、機種や OS に依存しないプログラムを作成できます。また、C# など複数の言語を利用できます。

Web サーバー機能やデータベースサーバーもミドルウェアと呼びます。Web サーバーもデータベースサーバーも、それ自体はアプリケーションではありませんが、OS でもありません。こうした「アプリケーションに必要だが、OS でもないもの」はすべてミドルウェアの一種です。

ミドルウェアは、複数のアプリケーションが利用する共通機能です。そこで「複数のアプリケーションに共通の基盤」という意味で**プラットフォーム**とも呼びます。プラットフォーム（platform）の本来の意味は「立つための台」です。アプリケーションを立たせるための土台くらいの感じでしょうか。OS も「複数のアプリケーションに共有の基盤」なので、プラットフォームの一種と考えます。

プラットフォームが提供する多くの機能を使うことで、アプリケーションの構築が容易になります。アプリケーションが表示する「はい」「いいえ」などの確認ダイアログボックスがどのアプリケーションもだいたい同じなのは、プラットフォームが共通だからです。

3-2　クラウドが提供する3つのサービスモデル

クラウドが提供するサービスは大きく3つに分類されます。サービスによっては複数の分類にまたがるものもありますが、基本的な考え方を理解してください。

1　クラウドサービスモデルの概要

ここからは、クラウドが提供する機能としての「サービス」に注目していきます。オンプレミスでの構築手順に沿って以下の順序で説明します。

① インフラストラクチャ（仮想マシン）
② プラットフォーム（OS＋ミドルウェア）
③ アプリケーションサービス（アプリケーション）

それぞれの項目は、NISTが定義している「クラウドの3つのサービスモデル」に対応しています。

・サービスとしてのインフラストラクチャ（IaaS）
・サービスとしてのプラットフォーム（PaaS）
・サービスとしてのソフトウェア（SaaS）

ここでは3つのサービスモデルについて学習し、最後にサービスモデルの責任範囲と選択基準について学習します。

[3つのサービスモデル]

SaaS	アプリケーション
PaaS	OS＋ミドルウェア
IaaS	仮想マシン

2 サービスモデルの重要性

　構築したいアプリケーションによって、サービスモデルの向き不向きがあります。また、サービスモデルごとにサービスの責任範囲が変わります。

　3つのサービスモデルは、単にサービスを分類しているだけではなく、必要なアプリケーションを構築するための設計指針を提供してくれます。具体的な指針はこのあと本章全体を通して説明します。

3-3 サービスとしての インフラストラクチャ（IaaS）

仮想マシンを提供するサービスをIaaSと呼びます。IaaSは既存の
サーバーと最大限の互換性を持ちますが、オンプレミスに比べて運
用コストがそれほど大きくは下がらないという欠点があります。

1　サービスとしてのインフラストラクチャ（IaaS）とは

　アプリケーションを構築するにはサーバーとなるコンピューターが必要で
す。このサーバーを提供するサービスが**サービスとしてのインフラストラクチャ**
(Infrastructure as a Service：IaaS) です。通常は仮想マシンを使いますが、
物理マシンを使う場合もあります。たとえば Azure では「専用ホスト (Dedicated
Host)」と呼ばれる物理マシンを展開できます。専用ホストには複数の仮想マシ
ンを展開して使うことができます。

試験対策　IaaS はサーバーを提供します。通常は仮想マシンですが、物理マシ
ンを提供することもあります。

　仮想マシンを利用することで、インフラストラクチャを迅速に構築し、不要
になったらすぐに削除できます。Azure を含め、ほとんどのクラウドでは数分
以内に仮想マシンを作成できます。
多くのクラウドでは、仮想マシンを作成するときには以下の要素を指定します。
Azure の場合の具体的な構成は第 4 章以降で学習します。

① 仮想マシンを作成するリージョン（地域）
② 仮想マシンのサイズ（SKU）
③ 仮想マシンの OS
④ システムディスクの種類とサイズ（SKU）

Azure を含め、ほとんどのクラウドはリージョンごとに単価が違います。これはデータセンターの建設コストや人件費が国や地域ごとに違うためです。また、利用可能なサービスにも差があります。新しいサービスは世界同時にリリースされるわけではなく、需要の大きいところから順次展開されます。

リージョンを決めたら仮想マシンのサイズ（SKU）を決めます。サイズは、あらかじめ決められた CPU コア数やメモリ量の組み合わせから選択する**カタログ方式**が採用されています。CPU とメモリ量のバランスを考えてサイズを構成することで、価格性能比が一定になるようにしているようです。要するに「安いものは遅い、高いものは速い」ということです。

 SKU（Stock Keeping Unit）は、流通業界の用語で「在庫管理の単位」、つまり「型番」の意味です。Azure では、仮想マシンのサイズなど、同じサービスの性能差や機能差を区別するために使います。AWS の仮想マシンでは「インスタンスタイプ」と呼ばれるものと同じ意味です。

OS は Windows と Linux のどちらかを選びます。現在 Azure 上で動作する仮想マシンの OS は Windows と Linux がほぼ半々だそうです。マイクロソフトのクラウドだからといって、Windows が特に多いわけではありません。

システムディスクは OS をインストールする場所です。Azure ではハードディスクタイプと SSD タイプのどちらかを選択できますが、サイズの指定には制約があります。選択した OS によって自動的に決まるサイズか、それ以上のサイズを指定する必要があります。

OS はインフラストラクチャの一部ではありません。しかし、OS のない仮想マシンが提供されても、利用者は使いようがありません。そこで、Azure を含めほとんどのクラウドでは最小限の OS 構成はクラウド側で行います。その後の OS の設定変更や更新は、利用者の責任です。初期設定時に OS を指定するため、OS もインフラストラクチャの一部であると誤解しがちですが、実際にはプラットフォームの一部です。プラットフォームについては次の「PaaS」の説明も参照してください。

参考 Azure には「マーケットプレイス」と呼ばれる機能（Azure Marketplace）があり、マイクロソフト製品のほか、Azure 上で動作するサードパーティー製品が提供されています。Azure Marketplace を利用すると、Windows や Linux だけでなく BSD UNIX も利用可能です。BSD UNIX はネットワーク機器に内蔵されていることが多いのですが、ビジネス用に使われることはあまりありません。

2 IaaSの利点と欠点

　IaaS の利点は、既存のシステムとの高い互換性です。ほとんどの場合、オンプレミスで動作している OS がそのまま動作するので、アプリケーションを再構築する必要がありません。また、管理者が自由に OS などを設定できます。そのため、現在のシステムをそのまま移行し、従来と同じように利用したい場合は、IaaS が最適です。

　このように IaaS の利点は「既存システムと同じ」ことですが、これは「既存システムと同じことしかできない」という欠点でもあります。クラウドに移行することで、ハードウェアの保守からは解放されますが、OS の管理からは解放されません。定期的に提供されるセキュリティ修正を適用したり、OS の機能変更に伴ってアプリケーションの再構成を行ったりする作業は変わらず必要です。

　このように、IaaS の利点と欠点は表裏一体です。アプリケーションの改修や追加を機会に、徐々にクラウドの能力を活かした構成に変えていくとよいでしょう。

[IaaS]

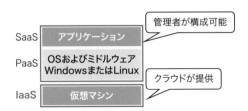

第3章 クラウドのサービスモデル

試験対策 IaaS の仮想マシンはクラウドプロバイダーが初期設定を代行しますが、セキュリティパッチの適用や適切な構成といった管理責任は、すべて利用者側にあります。

試験対策 IaaS に最適なケースは、既存システムをそのまま移行する場合です。

コラム 多くの日本人は「IaaS」を「イアース」と読みますが、「アイアース」と読む人もいます。特に読み方は決まっていないため、どちらでも明らかな間違いではありません。英語では「アイエイエイエス」と読む人が多かったそうですが、現在は「アイアーズ」「アイアース」も使われます。マイクロソフトが公開している英語の YouTube 動画では「アイアーズ」と発音していました。日本人がよく使う「イアーズ／イアース」は英語圏の人には「EAS/EAZ」と聞こえるため、英語で話すときは避けたほうがよいということです。

3-4 サービスとしての プラットフォーム（PaaS）

仮想マシンだけでなく、OSとミドルウェアまでを提供するサービスをPaaSと呼びます。PaaSを使うことでプログラマはOSの構成などを意識することなく、プログラム作成に専念できます。

1 サービスとしてのプラットフォーム（PaaS）とは

　IaaS が提供する仮想マシンは、Windows や Linux などの OS を含みますが、初期設定をしてくれるだけで、実際の保守は利用者の責任です。システム管理者の負担の多くは OS の管理コストであるため、IaaS を使うだけでは削減できるコストは限定的です。

　そもそも、利用者が使いたいのは「コンピューター」ではなく、アプリケーションです。面倒なサーバー管理なしにアプリケーション開発に専念できないものでしょうか。

　こうして登場したのが**サービスとしてのプラットフォーム（Platform as a Service：PaaS）**です。ここでいうプラットフォームは、OS とミドルウェア全体を含みます。クラウドが OS とミドルウェアを常に適切な状態で提供してくれれば、開発者はアプリケーションの構築に専念できます。

　アプリケーションを構築する場合、ミドルウェアや OS が提供する **API（アプリケーションプログラミングインターフェイス）**を利用します。API はサービスの一種で、ほかのプログラムにさまざまな機能を提供する「呼び出し口」です。PaaS が提供するのはこれらの API です。

試験対策　PaaS はプラットフォーム、つまり OS とミドルウェアを提供します。

　たとえば Azure では PaaS の一種として **Web アプリ**があります。文字どおり

Webアプリケーションを作るためのサービスで、以下の要素を指定して構成します。

- **ミドルウェア**…アプリケーションが使用する実行環境（.NETやJavaなど）
- **OS**…WindowsかLinuxのどちらか（詳細なバージョンは指定できない）
- **リージョン**…仮想マシンの配置場所
- **仮想マシンのサイズ**…仮想マシンのCPU数とメモリ量
- **価格プラン**…仮想マシンの種類とサイズおよびバックアップなどの付加機能の選択

ミドルウェアによっては次ページの画面のようにOSの選択肢が制限される場合があります。たとえば、Java 17に含まれる環境はLinuxとWindowsのどちらでも指定できます。しかし、ASP.NETはWindows専用です。ASP.NETはWindows Server上で動作し、Windows専用の.NETを使います。

.NET 5以降はWindowsとLinuxのどちらでも使用できますが、Azureでは、本書の執筆時点においてLinuxで選択可能なのは.NET 6および.NET 8です。

どちらにしてもOSの選択肢はLinuxかWindowsのいずれかのみで、詳細なバージョンを指定することはできません。これは、OSのバージョンが少々変わってもAPIの仕様は変化しないためです。PaaSはAPIを提供するものですから、OSのバージョンが変わってもAPIが同じであれば、それは同じものと考えることができます。

[PaaSの構築例（Azure Webアプリ）]

※ AzureでPaaS「Webアプリ」を構築中の画面から抜粋

PaaS の利点は、アプリケーション開発者が OS の詳細やミドルウェアの構成を知らなくてもよいことです。IaaS と違い、PaaS では OS の管理もすべてクラウドが行います。最新の修正プログラムの適用やアップグレードもすべて自動的に行われるため、開発者は開発作業に集中できます。

一方 PaaS の欠点は、アプリケーション開発者が OS の詳細やミドルウェアの構成を知ることができないことです。アップデートの予定は事前に通知されますし、多くの場合はアップデートせずに継続利用できますが、一部のアップデートは強制的に適用されます。アップデートが予想外の結果をもたらすこともあるので、検証作業を怠ることはできません。どうしてもアップデートを避けたい場合や、PaaS が提供する機能が十分ではない場合は、IaaS を使って独自に OS とミドルウェアを構成する必要があります。

このように PaaS の利点と欠点は表裏一体です。一般に、PaaS は新規アプリケーション開発に向いているとされています。既存のアプリケーションは OS の機能を利用している場合があり、PaaS に移行したときに互換性問題が発生することがあるからです。

[PaaS]

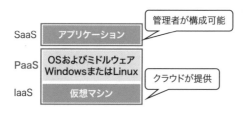

試験対策 PaaS に最適なケースは、新規にアプリケーションを開発したい場合です。既存のアプリケーションを PaaS に移行する場合、ミドルウェアの違いで互換性に問題が生じる可能性があります。

「クラウド側が構成を管理し、利用者が自由に設定できないサービス」を「マネージドサービス」と呼びます。PaaSにおけるOSはマネージドサービスとして提供されます。PaaSで利用するWindowsやLinuxは、各種の設定を自由に設定できず、クラウドに一任します。一方、仮想マシンの初期展開で設定されるOSはマネージドサービスではありません。仮想マシンと同時に展開されたOSは、利用者が自由に設定できます。マネージドサービスの利点は「いちいち設定しなくてもよいこと」、欠点は「自由に設定できないこと」です。通常IT運用で最も高価なコストは人件費ですから、同じ機能が実現できるなら、マネージドサービスを使って人間が行うべき作業を減らすことが望ましいといえます。

コラム

PaaSは「パース」または「パーズ」と読みます。英語圏では「パーズ」のほうが優勢のようです。

第 **3** 章 クラウドのサービスモデル

サーバーレスコンピューティング

サーバーの性能や台数を意識せずにシステムを構築する仕組みを「サーバーレスコンピューティング」と呼びます。ここではサーバーレスコンピューティングの基本的な考え方を説明します。

1 サーバーレスコンピューティングとは

ほとんどの PaaS は、プラットフォームのハードウェアをある程度意識する必要があります。たとえば、PaaS アプリケーションを動作させるための環境として、CPU コア数やメモリ量を検討し、構成しなければなりません。せっかくプラットフォームの管理から解放されたのに、もっと基本的なハードウェア構成まで意識する必要があります。

サーバーレスコンピューティングは、サーバー構成を一切意識しなくてもよいことを目標にしています。まるでサーバーがないかのように考えられる環境、これが「サーバーレスコンピューティング」です。

2 サーバーレスコンピューティングの例

サーバーレスコンピューティングの代表が Azure Functions です。Functions では、あらかじめ作成しておいたプログラムと、実行条件（たとえばデータの入出力など）を登録しておきます。普段はプログラムは停止していて料金はかかりませんが、実行条件が満たされるとプログラムが起動し、起動中のみ課金されます。

Azure では、ほかに GUI ベースでアプリケーションを構築する Logic Apps がサーバーレスコンピューティングを提供します。また、データベースサービスにも、サーバーの性能を指定しない構成が可能です。これも「サーバーレス」と呼ばれます。

3-6　サービスとしてのソフトウェア（SaaS）

アプリケーションそのものを提供するサービスをSaaSと呼びます。SaaSを使うことで、利用者はプログラムを作成することなく、アプリケーションを使うことができます。

1　サービスとしてのソフトウェア（SaaS）とは

　PaaS を使うことで、アプリケーション開発者は OS やミドルウェアの管理をクラウドに任せることができるようになりました。しかし、そもそもアプリケーションを作る必要はあるのでしょうか。出来合いのものがあれば、それを使うほうが楽なはずです。

　そこで、利用者が求めるアプリケーションそのものを提供するのが**サービスとしてのソフトウェア（Software as a Service：SaaS）**です。多くの場合は Web ベースのアプリケーションです。

　SaaS の代表例は Microsoft 365 です。Microsoft 365 では、Word、Excel などのオフィスソフトが Web ベースで利用できるほか、メールサーバーの Exchange Online や、コミュニケーションツールの Teams などが使えます。SaaS は Azure ブランドでは提供されませんが、クラウドの基礎であるため、その特徴をよく理解してください。

試験対策　　SaaS はアプリケーションを提供します。

　クラウドの特徴は「使った分だけ払う」というものですが、「使った分」の数え方はサービスごとに違います。たとえば Azure の場合、仮想マシン（IaaS）については稼働時間に対して、インターネット帯域幅については Azure から送信される総データ量に対して課金されます。

　SaaS ではユーザー 1 人あたり 1 か月の単価が設定されるのが一般的です。原

第3章　クラウドのサービスモデル

理的には「メール送信1通いくら」「文書作成1つあたりいくら」という料金体系も可能ですが、課金計算が煩雑になるからでしょうか、筆者はあまり見たことがありません。

2 SaaSの利点と欠点

SaaSの利点は、契約すればすぐに使えることです。IaaSの場合はOSの設定変更からスタートしなければいけませんし、PaaSの場合はアプリケーションを開発する必要があります。PaaSの目的は「プラットフォームを提供すること」であってアプリケーションを提供するものではありません。一方、SaaSは契約したらすぐに使えます。たとえばMicrosoft 365の契約から、独自ドメインでメール送受信を行うまで、最小限の構成なら1時間もあればできるでしょう。こうした手軽さがSaaSの最大の利点です。

ただし、SaaSはあくまでもアプリケーションなので、想定外の使い方はできません。Exchange Onlineにアドレス帳の機能があるからといって、顧客管理システムと置き換えるのは無理があります。最近のSaaSは公開されたAPIを持ち、独自のアプリケーションを構築することも可能ですが、それはもはやSaaSではなくPaaSとしての利用と考えるべきでしょう。

また、課金の考え方もIaaSやPaaSとは異なります。IaaSやPaaSは時間課金（サーバーなど）や容量課金（ディスクなど）が一般的なので、稼働時間を調整することでコストを最適化できます。しかし、ほとんどのSaaSはユーザー1人あたりのライセンスなので、コストを削減するには利用者を減らすしかありません。

[SaaS]

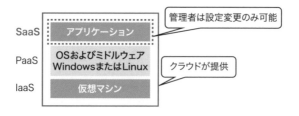

試験対策

SaaSに最適なケースは、使いたいアプリケーションがはっきりしていて、それが広く利用されている場合です。電子メールは会社が違っても求める機能はほとんど変わらないため、SaaSに適していますが、ビジネスアプリケーションは会社ごとの違いが大きいため、求める機能がSaaSでは得られない場合があります。

コラム

SaaSは「サーズ」または「サース」と読みます。日本では、どちらかというと「サース」のほうが優勢のようですが、英語圏では「サーズ」のほうが多いようです。

コラム

SaaSの原型は「ASP（Application Service Provider）」と呼ばれるサービス形態です。初期のASPは「シングルテナント型」を採用し、利用者ごとに別々のサーバーを割り当てていました。しかし、これではあまり利益が出ないので、その後、複数の利用者を1台のサーバーに割り当てる方式が採用されるようになってきました。これを「マルチテナント型」と呼びます。ちょうどその頃、「SaaS」という言葉が登場したため、シングルテナント型をASP、マルチテナント型をSaaSとして区別する場合もあります。

クラウドの定義としてはシングルテナント型でもマルチテナント型でも構わないのですが、ほとんどの場合、SaaSはマルチテナント型として構成されます。

[シングルテナントとマルチテナント]

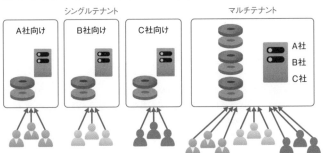

Azure は、.NET のみをサポートする PaaS として 2008 年に発表されました（当時の名称は「Windows Azure」）。Windows Azure はアプリケーション開発者には受け入れられたものの、既存アプリケーションとの互換性が問題になりました。そこで、既存アプリケーションをより簡単に動かせるように仮想マシンが導入され、IaaS 機能が追加されました。また、Linux をフルサポートするという決定が行われ、2014 年に「Microsoft Azure」と名称が変わりました。

マイクロソフトの SaaS は、Azure とは別に無料電子メールサービス「Hotmail」の流れをくむもので、その後の Office 365（現 Microsoft 365）などに発展しました。現在も SaaS と Azure は別ブランドですが、共通のデータセンターを使っています。2020 年 3 月頃から、新型コロナウイルスの影響で Office 365 の需要が増えたときは、Azure のリソースが不足し、一部で仮想マシンの新規作成が制限されたこともありました。

試験対策

アプリケーションの構築や運用の容易性は、SaaS → PaaS → IaaS の順です。逆に、新しい機能を追加する自由度は、IaaS → PaaS → SaaS の順です。

コラム

本文では以下の流れでクラウドのサービスモデルを説明しました。

① ハードウェア管理が面倒なので IaaS を使う
② OS とミドルウェア管理が面倒なので PaaS を使う
③ そもそもアプリケーションを作るのが面倒なので SaaS を使う

これは、アプリケーションを開発する立場から見ると、「より手間を省く」という方向の進化です。しかし、マイクロソフトのクラウドは逆に進みました。

① アプリケーションを独自に作るのは面倒なので SaaS を使う
② 出来合いの SaaS では満足できないので、PaaS を使って新しい機能を組み込む
③ 出来合いの PaaS が提供するミドルウェアでは満足できないので、IaaS で仮想マシンを用意して独自の機能を追加する

3-7 その他のサービスモデル

IaaS、PaaS、SaaSといった分類に収まらないサービスもあります。ここでは、こうした特別なサービスの例について説明します。

1 複数のモデルの特徴を持つサービス

　複数のモデルの特徴を持つサービスもあります。たとえば、Microsoft 365の一部として提供される Microsoft Teams は SaaS の一種ですが、プログラムから制御するためのアプリケーションプログラミングインターフェイス（API）を持ち、利用者からのチャット要求に自動応答するアプリケーションを構築できます。つまり Teams を PaaS として利用できます。

　また、Azure Virtual Machine Scale Sets（VMSS）は複数の仮想マシンをまとめて管理する機能を持ち、一定の条件に従ってサーバー台数を増減できます。本来、サーバーの自動作成や自動削除は IaaS の仕事ではなく PaaS の役割です。ただし、仮想マシンスケールセットでは一般的な PaaS にあるような OSの自動更新には制約があり、管理者が更新計画を立てる必要があります。

2 どのモデルにもあてはまらないサービス

　IaaS、PaaS、SaaS という分類にあてはまらないサービスもあります。たとえば、クライアント仮想マシンを提供するサービスは、利用者に仮想マシンを提供しますが、サーバーとして使うことを想定していません。そのため、DaaS (Desktop as a Service) という呼び方もあります。Azure では DaaS として「Azure Virtual Desktop」を提供しています。ただし Azure では DaaS の分類は採用しておらず、IaaS の一種と考えています。

　そのほかにも「サービスとして提供する」ことを強調するため XXX as a Service という呼び方が多くあります。たとえば、ユーザー ID の管理を提供するサービスを ID as a Service（IDaaS）と呼びます。

3-8 共同責任モデル（責任共有モデル）

クラウドサービスを使う場合、誰がどの構成に責任を持つかを明確にすることは非常に重要です。ここではクラウドサービスの責任に対する考え方について説明します。

1 共同責任モデル（責任共有モデル）とは

　クラウドでは、IaaS の場合は仮想マシンが、PaaS の場合は OS とミドルウェアが、SaaS の場合はアプリケーションがそれぞれ提供されるので、程度の差はあってもオンプレミス環境よりは容易にアプリケーションを構築できます。

　しかし、クラウドも障害がゼロというわけにはいきません。適切な障害対応を行うには、その障害が誰の責任かを明確にすることが必要です。

　クラウドプロバイダー（クラウド提供者）とクラウド利用者（カスタマー）では責任範囲が違います。誰がどの部分の責任を持つかの決めごとを**共同責任モデル**と呼びます。IT システム全体の責任をクラウドプロバイダーとクラウド利用者で共有することになるので、**責任共有モデル**とも呼びます。

2 共同責任モデルの例

　責任範囲はサービスモデルによって変わります。わかりやすいのは物理環境でしょう。データセンターの建屋や電源、入退室管理などはクラウドプロバイダーの責任です。また、作成したデータの管理はすべてクラウド利用者の責任です。

[共同責任モデル（責任共有モデル）]

責任範囲	オンプレミス	IaaS	PaaS	SaaS
データ				
クライアント				
アカウント管理				
アプリケーション				
OS				
仮想マシン環境				
物理環境				

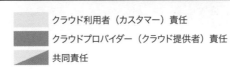

　　クラウド利用者（カスタマー）責任
　　クラウドプロバイダー（クラウド提供者）責任
　　共同責任

IaaS における OS と仮想マシン環境については少しわかりにくいかもしれません。IaaS はサーバー（多くの場合は仮想マシン）を提供します。この仮想マシンを構成するための環境構築はクラウドプロバイダーの責任です。過去に、ある仮想化製品で「任意の仮想マシンに侵入できるセキュリティホール」が見つかったことがあります。こうしたセキュリティホールに対応するのはクラウドプロバイダーの責任です。

　しかし、利用者が展開した仮想マシンの設定が原因で攻撃者に侵入されるのはクラウド利用者の責任です。同様に、ネットワーク機能を提供するのはクラウドプロバイダーですが、その設定はクラウド利用者の責任です。

　また、OS の設定や更新も利用者の責任です。Windows でリモートデスクトップによる接続を無条件で許可した上で、安易なユーザー名とパスワードを使っていて侵入された場合は、クラウド利用者に責任があると見なされます。ほとんどの場合、IaaS では OS の初期化まで行うので、クラウドプロバイダーにも責任があると誤解されがちですが、OS の管理はすべて利用者の責任です。

　同様に、PaaS におけるアプリケーションも注意してください。クラウドプロバイダーはプラットフォームそのものについての責任を負いますが、その設定

第**3**章　クラウドのサービスモデル

には責任を負いません。たとえば、設定を変更して意図的にセキュリティレベルを落とした場合、それにより発生した被害などはクラウド利用者の責任です。

　上記の図で「アカウント管理」が共同責任になっているのは、「アカウント管理の仕組み」の管理がクラウドプロバイダーの責任だからです。たとえば、クラウドプロバイダーが利用者のパスワード漏えい事故を起こした場合はクラウドプロバイダーの責任です。しかし、利用者が管理者アカウントのパスワードを漏らしてしまった場合は利用者の責任です。

　なお、以上の説明からわかるように「共同責任」とされる領域も、細かく見れば責任範囲が明確に決められています。「共同責任」は、クラウドプロバイダーとクラウド利用者の両方が同時に責任を持つという意味ではないので誤解のないようにしてください。

試験対策　クラウドプロバイダーまたはクラウド利用者の責任の範囲はしっかりと理解しておきましょう。共同責任範囲の場合、試験では責任範囲が明確になるように条件が設定されているはずです。

3-9　サービスモデルの選択基準

これまで、3つのサービスモデルの特徴を説明してきました。ここでは、まとめを兼ねて、それぞれのサービスモデルの具体的な選択基準を提示していきます。

ただし、実際のビジネスでは多くの要因が絡み合うため、ここで説明したとおりになるとは限りません。以下の具体例は、説明のために状況を単純化していることに注意してください。

1　ケース1：既存のシステムをそのまま移行したい…IaaS

「既存のシステムをそのまま移行して、ハードウェアの保守コストを削減したい」と考えて、クラウド移行を検討する組織は非常に多く見られます。この場合、既存システムをそっくりそのまま移行できる IaaS が有効です。既存システムの大半は Windows または Linux で動作しています。一般的な IaaS は、Windows と Linux の両方の仮想マシンを提供しているため、ほとんどの場合アプリケーションやミドルウェアをそのまま利用できます。

オンプレミスのサーバー台数が不足した場合に、クラウド上に仮想マシンを追加して利用することも可能です。この場合、オンプレミスとクラウド間の通信を行うためのネットワークとして VPN 接続を利用します。

オンプレミスからクラウドへの移行のことを**リフトアンドシフト（Lift and Shift）**と呼びます。「Lift and Shift」は1つのフレーズで、もともとは単純な移行を指していましたが、最近では「Lift」がクラウドへの単純移行、「Shift」がクラウドでの最適化を意味するように変わってきました。マイクロソフトのドキュメントの場合、「リフトアンドシフト」は常に「単純移行」の意味で使っています。クラウドに最適化することは「クラウド最適化（Cloud Optimization）」と呼んでいます。

リフトアンドシフトの最初のステップとしても IaaS は有効です。その後、仮想マシンの自動増減機能（オートスケール）など、クラウド固有の機能を追加できます。

[IaaS移行の例（リフトアンドシフト）]

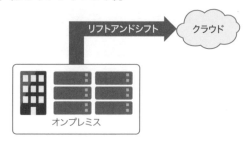

　IaaSでの移行は、以下の点に注意すれば、作業そのものはそれほど難しくないでしょう。1万人規模の社内基幹システムを、3か月程度で移行した例もあるくらいです。

オンプレミスからIaaSへ移行する場合、以下の点に留意する必要があります。

- **仮想マシンの性能**…同じ仕様でも物理マシンとは性能が異なる場合があります。
- **ネットワーク性能と接続性**…インターネット経由のため接続性に配慮が必要です。
- **ストレージ性能**…価格と性能についてのさまざまなオプションを適切に選択する必要があります。
- **現行OSとクラウドが提供するOSのバージョンの差異**…初期状態での修正プログラムの適用状況など、詳細な構成は指定できません。
- **クラウドとオンプレミスとの互換性**…クラウドによってサポートしていない構成があります。
- **ライセンス条件**…ソフトウェアによっては特別な条件を持つ場合があります。

　ただし、IaaSではOSを含むすべてのソフトウェアは利用者に管理責任があります。そのため、運用コストが思ったほど下がらない場合もあります。さまざまな事例を見たところ、ざっと20%削減できれば成功と考えられるようです。また、特に工夫せず、オンプレミスの構成をそのまま持ち込んだ場合はかえってコストが増大する可能性もあります。

Azure 上の仮想マシンは、原則として以下の構成をサポートしません。

・**ブロードキャスト**…LAN 上の全ホストに一斉通信する機能は使えない
・**マルチキャスト**…複数ホストに一斉通信する機能は使えない
・**共有ディスク**…複数サーバーからのディスク共有構成（iSCSI など）は使えない

ただし、共有ディスクについては 2020 年 7 月から制限付きでサポートされています。

クラウド移行で、案外問題になりやすいのはライセンス条件です。ソフトウェアによってはクラウドでの利用を禁止していたり、特別な条件があったりします。

2　ケース2：クラウドが提供する特定のサービスを使いたい（置き換えたい）…PaaS

「特定の機能だけをクラウドに移行したい」「新たにクラウドの便利なサービスを使いたい」という要望もよく聞かれます。典型的な要望がバックアップです。バックアップは決して難しい作業ではないのですが、決められた手順で適切にバックアップして、いつでも取り出せるシステムを維持するというのは案外面倒なものです。こうした利用には、PaaS が適しています。既存のバックアップ手順をクラウドに置き換えることで、面倒な管理作業から解放されます。

　既存のサービスと互換性を持った PaaS サービスもあります。たとえば Azure SQL Database は、Microsoft SQL Server と基本的な互換性があります。そのため、既存のデータベースを SQL Database に変更するのは比較的簡単です。SQL Database は PaaS であり、OS の保守を意識する必要はありません。また、SQL Database 自身の保守も自動的に行われます。さらにバックアップ機能が内蔵されるなどの付加価値もあるので、全体の運用コストは大きく下がるでしょう。ただし、ネットワークの回線速度がボトルネックにならないように注意してください。

第**3**章　クラウドのサービスモデル

[PaaS移行の例（データベースのみの移行）]

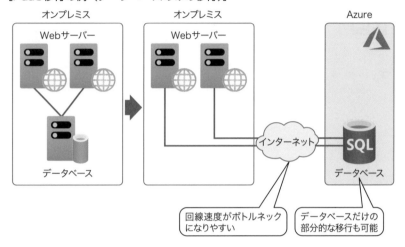

PaaS 機能を全面的に利用してアプリケーションを作り直すことも可能です。Azure は、SQL Database などのデータベースサービスのほか、Web アプリケーションのプラットフォームとして .NET や PHP を提供しているため、多くのアプリケーションを最小限の修正で移行できます。若干の互換性問題や、ネットワークの応答時間の違いなどがあるため、まったく修正不要というわけにはいきませんが、ほとんどの場合、それほど難しくはないはずです。

[PaaS移行の例（全面移行）]

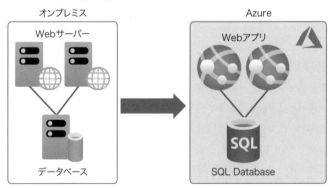

　このように、既存のシステムにより高度な機能を追加したい場合は PaaS が適しています。ただし、たいていの場合、程度の差はあれアプリケーションの修正を行う必要があります。

3 ケース3：クラウドが提供する新しいサービスを使いたい …PaaS

ビッグデータの分析など、独自に実装すると大きな初期コストがかかってしまうサービスでも、クラウドを使うと初期費用ゼロで利用できます。ほとんどのクラウドサービスは、インターネット経由でオンプレミスからも利用できます。既存システムはそのままで、新しいサービスだけクラウドを利用すると、既存システムに与える影響を最小限に留めることができます。もちろん、Azure 仮想マシンやその他の Azure サービスからの利用も可能です。

[クラウドが提供するサービスの利用]

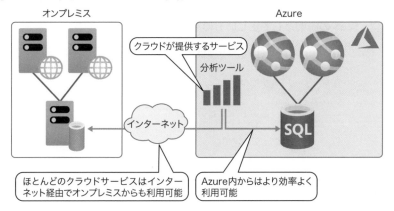

オンプレミス　　　　　　　　　　　　　　Azure

クラウドが提供するサービス

分析ツール

インターネット

SQL

ほとんどのクラウドサービスはインターネット経由でオンプレミスからも利用可能

Azure内からはより効率よく利用可能

4 ケース4：新しいアプリケーションを導入したい… SaaS+PaaS

企業ごとの要件にほとんど差がないアプリケーション、たとえば電子メールなどは SaaS 移行が適しています。Microsoft 365 Enterprise は、電子メールを含むアプリケーションサービスの代表です。オンプレミス版の Office と同じアプリケーションが使えるため、利用者は違和感なくクラウドに移行できます。

最近の SaaS の多くは、公開 API が充実しているため、独自のアプリケーションを比較的簡単に構築できます。そのため、実質的に PaaS として考えることもできます。たとえば、簡単な Web フォームを公開し、入力データを担当者にメールするとともに、Microsoft Teams（コミュニケーションツール）に蓄積するといった使い方ができます。

第 3 章　クラウドのサービスモデル

Q 演習問題

1 IaaS の説明として正しいものを 1 つ選びなさい。

    A.   アプリケーションを提供

    B.   サーバーを提供

    C.   サーバーとミドルウェアを提供

    D.   ミドルウェアを提供

2 SaaS の説明として正しいものを 1 つ選びなさい。

    A.   アプリケーションを提供

    B.   サーバーを提供

    C.   サーバーとミドルウェアを提供

    D.   ミドルウェアを提供

3 PaaS が提供するサービスとして、正しいものを 1 つ選びなさい。

    A.   OS（オペレーティングシステム）のみ

    B.   OS（オペレーティングシステム）とミドルウェア（.NET や Java など）

    C.   OS（オペレーティングシステム）とミドルウェア（.NET や Java など）、およびアプリケーション

    D.   ミドルウェア（.NET や Java など）のみ

4 データセンターの建屋に不正侵入があり、サーバーが破壊されました。責任の所在は誰にあると見なされるでしょうか。適切なものを 1 つ選びなさい。

    A.   クラウドプロバイダー

B.　クラウド利用者

C.　クラウド利用者とクラウドプロバイダーの両方

D.　どちらともいえない

5 退職者のアカウントを放置したため、データが不正にアクセスされてしまいました。責任の所在は誰にあると見なされるでしょうか。適切なものを1つ選びなさい。

A.　クラウドプロバイダー

B.　クラウド利用者

C.　クラウド利用者とクラウドプロバイダーの両方

D.　どちらともいえない

6 IaaS機能を使って仮想マシンを構成しましたが、最新のセキュリティ修正プログラムを適用しなかったため、不正アクセスの被害にあいました。責任の所在は誰にあると見なされるでしょうか。適切なものを1つ選びなさい。

A.　クラウドプロバイダー

B.　クラウド利用者

C.　クラウド利用者とクラウドプロバイダーの両方

D.　どちらともいえない

7 既存システムを、なるべく変更を加えずにそのままクラウドに移行したいと思います。移行コストを最小化できるのはどのサービスモデルですか。最も可能性が高いものを1つ選びなさい。

A.　IaaS

B.　PaaS

C.　SaaS

D.　PaaS または SaaS

8 クラウド上で、新たな独自アプリケーションを開発します。アプリケーション完成後に、最も運用コストが低くなるのはどのサービスモデルですか。最も可能性が高いものを 1 つ選びなさい。

A. IaaS

B. PaaS

C. SaaS

D. PaaS または SaaS

9 新たに起業した会社に、電子メールサービスを導入します。初期コストと運用コストの両方を最適化できる可能性が最も高いものを 1 つ選びなさい。

A. その会社に最適な機能を実装するため、IaaS ベースの仮想マシン上にメールサーバーを構成する

B. その会社の要件を満たす SaaS ベースのメールサーバーを契約する

C. 多くの機能を追加できるように、PaaS ベースのメールサーバーを作成する

D. メールサーバーには営業機密や個人情報が含まれるため、オンプレミスサーバーを導入する

10 CPU 数やメモリ量、サーバーの台数などを意識せず、必要なコンピューティング機能を提供するサービス形態を何と呼びますか。適切なものを 1 つ選びなさい。

A. エラスティックコンピューティング

B. クラウドコンピューティング

C. サーバーレスコンピューティング

D. 消費ベースコンピューティング

解答

1 B

IaaS（Infrastructure as a Service）は通常、仮想マシンの形でサーバーの実行環境を提供します。ほとんどの場合は OS の基本設定も行いますが、ミドルウェアやアプリケーションは提供しません。

2 A

SaaS（Software as a Service）はアプリケーションを提供します。暗黙のうちにサーバーとミドルウェアも含まれていますが、この 3 つを含む選択肢はないため、「アプリケーションを提供」が正解です。

3 B

PaaS（Platform as a Service）は OS とミドルウェア（.NET や Java など）を提供します。アプリケーションは提供しません。

4 A

データセンターの建屋の管理は、常にクラウドプロバイダーの責任です。

5 B

アカウント管理は、常にクラウド利用者（クラウド契約者）の責任です。ただし、アカウント管理システムの提供責任はクラウドプロバイダーにあります。

6 B

IaaS における OS の更新作業は、常にクラウド利用者（クラウド契約者）の責任です。ただし、多くのクラウドプロバイダーは、OS の更新を自動化するサービスを提供しています。これを利用することで常に最新の更新を適用できます。

7　A

一般に、既存システムをそのまま移行するのに適したサービスモデルは IaaS（Infrastructure as a Service）です。

8　B

一般に、アプリケーションの新規開発に適したサービスモデルは PaaS（Platform as a Service）です。特に、OS やミドルウェアの保守が不要なことから運用コストを削減できます。

9　B

電子メールに要求される機能は限られているため、SaaS ベースのメールサーバーを契約することが初期コストと運用コストの両方を最適化できます。

10　C

CPU 数やメモリ量、サーバーの台数などを意識せず、必要なコンピューティング機能を自由に使えるコンピューティングサービスを「サーバーレスコンピューティング」と呼びます。

Azure
Fundamentals

第4章

Azureの物理構造

データセンターとリソース

Azureのデータセンターは世界中に分散配置されています。ここでは、Azureのデータセンターがどのように構成されているのかを説明します。データセンターの構成を知ることで、適切な障害対策を提案できます。

1 データセンター

Azure のデータセンターは堅牢な構造を持ち、入退室は厳しく制限されています。

データセンターは、どのハードウェアが障害を起こしてもデータセンター全体が停止することがないように工夫されています。また、データセンター全体の障害に備えて、複数のデータセンターを連携する仕組みが用意されています。これらの障害対策機能はこのあとで詳しく説明します。

2 リソース

Azure 上に作成したサービスや機能を**リソース**と呼びます。仮想マシンはリソースの一種です。また、仮想マシンが内部で使うディスク装置（仮想ディスク）などもリソースの一種です。このように、Azure では複数のリソースがまとまって 1 つのサービスを提供することがあります。

リソースを作成するときには、一部の例外を除いて、次節で説明するリージョンを必ず指定する必要があります。通常は利用者の近くを指定してください。いくらネットワークが高速になっても、遠方との通信には遅延が発生するため、近くのサーバーを使ったほうが効率は上がります。

一部のリソースはリージョン指定がありません。これらは**非リージョンサービス**または**グローバルサービス**と呼ばれます。これに対して、大半のリソースはリージョンを指定する**リージョンサービス**です。非リージョンサービスの代表に、DNS サーバー（インターネットでホスト名と IP アドレスの対応付けを行うサービス）があります。

4-2 リージョン

データセンターの配置場所を「リージョン（地域）」と呼びます。
ほとんどの場合、Azureのリソースを作成するときはリージョンを
指定する必要があります。

1 一般利用可能なリージョン

Azure のデータセンターは、**リージョン（地域）** と呼ばれる単位で管理され
ています。2024 年 2 月時点で、世界中に 48 の一般利用可能なリージョンが展
開されています。これに加えて、後述する特別なリージョンが 11、さらにマイ
クロソフトおよび限られた顧客のみ利用可能な大規模検証環境もいくつか提供
されており、リージョン総数は 60 を超えます。データセンターの数は非公開で
すが、マイクロソフトによると 300 を超えるということです。また、今後も 10
以上のリージョンの開設が予定されています。

データセンターの正確な住所は公開されていませんが、日本の場合は都道府
県、米国では州、ヨーロッパでは都市または国までは公開されています。日本に
は「東日本リージョン」（東京・埼玉）と「西日本リージョン」（大阪）があります。

1 つのリージョンには、最低 1 つ、多くの場合は複数のデータセンターがあり
ます。リージョン内は高速で低遅延なネットワークで結ばれているため、個々
のデータセンターの場所を意識する必要はありません（特定のデータセンター
を指定することもできません）。たとえば、西日本リージョンは大阪に配置され
ていますが、具体的な住所やデータセンターの数は非公開です。1 つかもしれま
せんし、複数のデータセンターが隣接しているかもしれません。

利用者は、Azure を利用するときに、どのリージョンにサービスを展開する
のかを指定しますが、リージョンにより利用可能なサービスや機能が変わる場
合があります。たとえば、西日本リージョンではあまり高性能な仮想マシンを
作ることはできませんが、東南アジアリージョンならたいていの仮想マシンサ
イズを利用できます。

第 4 章 Azure の物理構造

123

試験対策 リージョンには高速ネットワークで接続された複数のデータセンターが含まれる場合がありますが、リソースの展開先として指定できるのはリージョン単位です。リージョン内のどのデータセンターに展開するかは指定できません。

参考 Azureの管理ツールでは「リージョン」が「地域（Region）」と表示される場合と、「場所（Location）」と表示される場合がありますが、これらは同じ意味だと考えて構いません。

2 特別なAzureリージョン

　Azureのリージョンには、特定のコンプライアンスや法的要件を満たすために次のような特別なリージョンがあります。これを**ソブリンリージョン**と呼びます。「ソブリン（Sovereign）」は「君主・主権者」の意味で、独立して運営されていることを意味します。

- **Azure Government（北米）**…米国連邦政府・州政府・地方政府機関、米国国防総省・米国国家安全保障局や、そのパートナー企業（納品業者など）が利用できる特別なリージョンです。
- **Azure China**…中国内のリージョンは、中国のインターネットサービスプロバイダーである21Vianet社が運営しています。このリージョンを使用するには21Vianet社との契約をする必要があります（https://learn.microsoft.com/ja-jp/azure/china/）。

試験対策 Azure Governmentは米国連邦政府と地方政府、およびこれらの組織と契約したパートナー企業（納品業者など）が使えます。また、中国では別会社が独立した運営をしています。

3　　地理（geo）

　すべてのものはいつでも壊れる可能性があります。Azureでも、データセンターが丸ごと停止する可能性はゼロではありません。そこで、複数のデータセンターを数百km離れた場所に配置し、それぞれを互いの予備として利用する方法が考えられました。このとき予備となるデータセンター同士が含まれる地理的範囲を**地理（geo）**といいます。通常、地理は「日本」「英国」「ドイツ」など国単位で設定されていることが多いのですが、香港（東アジアリージョン）とシンガポール（東南アジアリージョン）が含まれる「アジア太平洋」地理など、複数の国にまたがるものもあります。

　なお、「地理」だと一般名詞と紛らわしいので、会話では英語のまま「ジオ」と呼ぶことが多いようです。英語表記で「geo」と記述することもあります。Azureの公式ドキュメントでも「地理」「ジオ」「geo」が同じ意味で使われています。

試験対策　「地理」「ジオ」「geo」は、いずれも同じ意味で使われます。

4　　リージョンペア

　どのリージョンも、同じ地理内の別のリージョンとペアで構成されています。これを**リージョンペア**と呼びます。リージョンペアは数百km離れたところに設定され、変更はできません。リージョンペア内でAzureのリソースを複製することで、自然災害、電源やネットワークの停止に備えることができます。リソースの複製は利用者自身で構成する必要があります。第8章で説明するストレージアカウントの冗長化を除き、自動的に構成されるサービスはありません。

　複数のリージョンペアが同時に障害を起こした場合、リージョンペアの一方を優先的に復旧させることで、ペアを構成する両方のリージョンが利用できない事態を避けます。また、Azureの新機能はリージョンペアの一方で展開が完了したあとで、他方に展開されます。

リージョンペアは原則として相互に設定されます。たとえば、東日本と西日本、東南アジアと東アジアはお互いにリージョンペアを構成します。例外はブラジルとインドです。インドは国内に3つのリージョンがありますが、奇数なのですべてを相互ペアにできません。また、ブラジルのリージョンペアは米国中南部ですが、米国中南部のリージョンペアは米国中北部です。ただし、ブラジルには2つ目のリージョンが開設されており、近いうちにブラジル内でのリージョンペアに変更されると思われます。

[地理とリージョン]

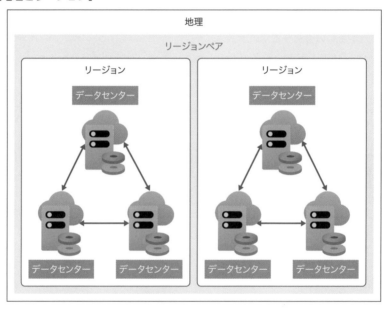

　リージョンペア間の通信には料金がかかります。無駄に設定すると余計な出費が発生するので注意してください。

試験対策　リージョンペアを使用すると、災害などによる地域全体の大規模障害からシステムを保護できます。

4-3　可用性ゾーン

Azureでは、データセンター障害に備えて「可用性ゾーン」を構成します。可用性ゾーンはリージョン内の、ある程度離れた場所に配置されたデータセンターです。

1　可用性ゾーンの目的

　リージョンペアは数百kmも離れています。災害対策として安心ではありますが、ほとんどの場合はそこまでの距離は必要ありません。むしろ、あまり遠すぎると、通信遅延が大きくなり、データセンター切り替え後に不具合が出るかもしれません。

　そこで、単一の、または近接するデータセンター群を**可用性ゾーン（Availability Zone：AZ）**という単位にまとめた上で、もっと近いところに複数の可用性ゾーンを分散させることで、より簡単な冗長化を行うことが考えられました。可用性ゾーン間の距離は、データ通信遅延が往復2ミリ秒程度に収まる程度とされ、具体的には数km～数十kmとなっています。可用性ゾーンは比較的最近登場したものなので、すべてのデータセンターには行き渡っていません。現在は「リージョンが存在するすべての国で、少なくとも1つは可用性ゾーンが利用できる」状態です。たとえば、日本には東日本リージョンと西日本リージョンがあり、東日本にのみ可用性ゾーンが存在します。今後、順次展開されるということです。

2　可用性ゾーンの構成

　可用性ゾーンを持つリージョンは少なくとも3つの場所に分散してデータセンターを持ちます。東日本リージョンには可用性ゾーンが存在するので、公開情報である「東京・埼玉」の2都県のどこか3か所以上にゾーンが存在するはずです。

　可用性ゾーンは、Azureリージョン内にあり、それぞれ物理的に分離されたデータセンターで構成されるため、独立した電源、冷却装置、ネットワークが提供

されます。複数の可用性ゾーンに分散してリソースを配置することで、1つの可用性ゾーンのデータセンターが停止した場合でも、ほかの2つの可用性ゾーンは引き続き利用できます。

[可用性ゾーン]

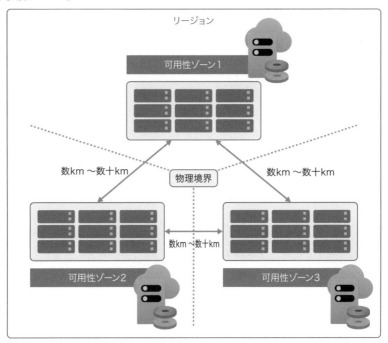

試験対策

複数の可用性ゾーンに分散してリソースを配置することで、データセンター全体の障害から保護できます。

3 可用性ゾーンとSLA

　可用性ゾーンを使うことで、サービス品質の保証値SLA（Service Level Agreement）を向上させることができます（SLAの詳細は「2-2　信頼性と予測可能性」を参照）。たとえば、同一データセンターに仮想マシンを配置した場

合、最大でも 99.95% の SLA しか保証されませんが（後述する可能性セットを使った場合）、複数の可用性ゾーンに仮想マシンを展開することで、99.99% の SLA が保証されます。

　可用性ゾーンの使い方はリソースごとに異なります。たとえば、仮想マシンを作成するときは可用性ゾーンの番号を指定します。このような形態を**ゾーン型サービス**と呼びます。ゾーン型サービスでは、障害時の切り替えは管理者が行う必要があります。SLA は「サービスが稼働している」ことを保証するだけで、データの整合性を確保するのは管理者の仕事です。

　サービスによっては、自動的に複数ゾーンに分散配置されます。このような形態を**ゾーン冗長型サービス**と呼びます。ゾーン冗長型サービスでは、障害時の切り替えは自動的に行われます。たとえば、複数のサーバーに負荷を分散させるサービス**ロードバランサー**はゾーン冗長型で構成することが可能です。

　可用性ゾーンを使うことで、SLA が向上しますが、常に可用性ゾーンを使えばよいとは限りません。同一ゾーン内の通信遅延（送信を始めてからデータが到着するまでの遅延）が 1 ミリ秒未満なのに対して、可用性ゾーン間の通信は往復で 2 ミリ秒程度の時間がかかります。そのため、タイミングにクリティカルなアプリケーションを利用するのには向きません。また、可用性ゾーン間の通信には課金が予定されていましたが、2024 年 5 月 21 日に今後も継続して無償となることが発表されました。

ゾーン番号はゾーンの区別をするためだけに使われ、地理的な場所を特定するわけではありません。また、同じゾーン番号でも、サブスクリプションが違うと別の場所を指す場合があります。

複数の可用性ゾーンに分散してリソースを配置することで、データセンター全体の障害から保護できます。複数の可用性ゾーンに仮想マシンを配置すると、99.99% の可用性が SLA として保証されます。

可用性ゾーン（Availability Zone）は AWS で先行して導入された概念ですが、現在、AWS と Azure の AZ はほぼ同じ機能となっています。なお、リージョンペアの概念は AWS にはありません。

可用性セット

Azureには、可用性ゾーンよりも手軽な障害対策機能として「可用性セット」が用意されています。可用性セットはハードウェア障害対策として利用します。

1　可用性セットの目的

　可用性ゾーンは、リージョンペアよりも近距離なので、障害からの切り替えがスムーズにできる可能性が高くなっています。しかし、現実にデータセンターが丸ごと停止することはほとんどありません。実際に多いのは単なるハードウェア障害でしょう。

　そこで、リージョン内で日常的に起きているハードウェア障害に備えて、さらに手軽な**可用性セット（Availability Set）**が提供されています。可用性セットは全リージョンで使用できますが、可用性ゾーンと併用することはできません。可用性ゾーンは、可用性セットの機能がすべて含まれるように設計されているためです。

　なお、可用性セット内の通信には追加料金がかかりません（予定もありません）。安心して使ってください。

2　可用性セットの構成

　可用性セットは、データセンター内でハードウェア障害が発生した場合や、メンテナンスが必要になった場合でも、Azure に展開したアプリケーションやサービス全体の停止を抑止するための構成です。

　仮想マシンを作成する場合、事前に可用性セットを構成しておきます。同じ可用性セットに配置された複数の仮想マシンは、一般的なハードウェア障害やソフトウェア更新があっても「同時には停止しない」ことが保証されます。

　可用性ゾーンを利用するときは、仮想マシンの作成時に配置場所を自分で指定する必要があります。しかし、可用性セットを利用するときは、複数の仮想

マシンを同一の可用性セットに登録するだけで、場所を明示しなくても、自動的に適切な場所に分散配置してくれます。

　後述するように可用性セットは、更新ドメイン（ソフトウェア更新に対応）と、障害ドメイン（ハードウェア障害に対応）で構成されます。同じ可用性セット内に展開された仮想マシンは、自動的に異なる更新ドメインと障害ドメインに配置され、99.95%のSLAが提供されます。

[可用性セット]

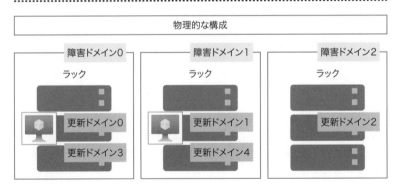

3　更新ドメイン

　更新ドメイン（Update Domain：UD）は、同時に再起動する可能性のある物理サーバーのグループです。

　Azureを構成している物理マシンはWindows Serverをベースとした

第4章　Azure の物理構造

Hyper-V環境を利用しています。**Hyper-V**は、Windows Serverに標準装備された仮想マシン環境です。Hyper-Vや、それを動かしているWindows Serverもソフトウェアですから、更新プログラムの適用などの保守作業が必要です。しかし、更新の結果、物理マシンが再起動すると、その物理マシンで稼働している仮想マシンが一時的に停止してしまいます。

これを避けるため、更新プログラムの適用などのメンテナンスイベントは、複数の物理マシンをまとめた更新ドメインの単位で順番に適用されます。これによって、メンテナンス作業の実施中に利用中のすべての仮想マシンが使用不可になることを回避します。更新ドメインはデータセンターの論理的な区分です。異なる更新ドメインのリソースは、メンテナンスの影響を同時には受けません。

既定では、可用性セット内に用意される更新ドメインは5つです。これは最大20まで増やすことができます。

4 障害ドメイン

障害ドメイン（Fault Domain：FD）は、ハードウェア障害が影響する可能性のある範囲です。

障害ドメインにはサーバーラックに配置された物理サーバーをサポートする電源、ファンなどの冷却装置、ネットワークハードウェアが含まれます。特定のサーバーラックに含まれるハードウェアに障害が発生した場合に、停止の影響を受けるのはそのラックのサーバーに限定されます。異なる障害ドメインに配置されたリソースは影響を受けません。ただし、データセンター全体の障害に対応することはできません。

なお、障害ドメインの最大数は3ですが、実際に利用可能な数はリージョンによって制限されています。本書の執筆時点で、可用性セットあたりの障害ドメインは、東日本リージョンで3、西日本リージョンで2です。

5 可用性セットの利用例

たとえば、更新ドメインが5つ（0から4）、障害ドメインが3つ（0から2）の可用性セットAS1を作成したとします。ここに8台の仮想マシンA〜Hを

作成した場合の割り当ての例を、次の図に示します（更新ドメインと障害ドメインは独立した概念なので、現実には、1つの更新ドメインが障害ドメインをまたがる形で構成される可能性もあります）。

[可用性セットの利用例]

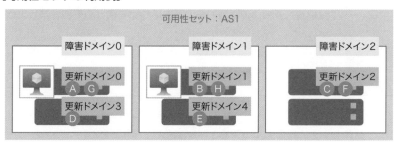

実際には更新ドメインと障害ドメインは独立した概念なので、
1つの更新ドメインが障害ドメインをまたがっても構わない

仮想マシン	更新ドメイン	障害ドメイン
A	0	0
B	1	1
C	2	2
D	3	0
E	4	1
F	2	2
G	0	0
H	1	1

試験対策　可用性セットは、アプリケーションやデータを物理サーバーなどのハードウェア障害から保護することはできますが、データセンター全体の障害からは保護できません。

試験対策　2台以上の仮想マシンを可用性セットに展開すると、SLAで99.95%の可用性が保証されます。

第4章　Azure の物理構造

133

4-5 Azureの障害対策の基本

ここまで、Azureのデータセンターの構成について説明してきました。最後にAzureの障害対策の基本についてまとめておきましょう。

1 非リージョンサービスの場合

リージョンに依存しないサービス（非リージョンサービス）の障害対策はAzureに任せます。利用者ができることはほとんどありません。

2 リージョンサービスの場合

リージョンを指定するサービスの場合は、対応する障害の種類を想定します。

ハードウェア障害に対応する場合は可用性セットを使います。可用性セットが割り当てる障害ドメインは同一データセンター内に構成されるため、データセンターレベルの障害に対応したい場合は可用性ゾーンが必要です。

地域全体の障害も考慮する場合は、リージョンペアなどを使って冗長化します。この場合の構成手順はサービスごとに違います。

可用性ゾーンと可用性セットは併用できませんが、リージョンペアと可用性ゾーン、リージョンペアと可用性セットを併用することはできます。障害対策としてはこれで十分でしょう。

試験対策

Azureで用意されている主な障害対策は以下のとおりです。

・ハードウェア障害には可用性セット
・データセンター障害には可用性ゾーン
・地域全体の障害には別リージョン（リージョンペアなど）

演習問題

1 日本に存在するリージョンを 2 つ選びなさい。

    A.　東日本

    B.　西日本

    C.　北日本

    D.　南日本

2 米国連邦政府やそのパートナー企業のみが利用できる特別なリージョンを 1 つ選びなさい。

    A.　Azure China

    B.　Azure Government

    C.　米国内のすべてのリージョン

    D.　すべてのリージョン

3 Azure インフラストラクチャで、低遅延ネットワークにより接続された複数のデータセンターで構成されているものは次のうちどれですか。正しいものを 1 つ選びなさい。

    A.　地理

    B.　リージョン

    C.　リージョンペア

    D.　可用性セット

4 仮想マシンを複数の可用性ゾーンに展開しました。Azure でのどの障害から保護されますか。最も広範囲な障害を 1 つ選びなさい。

A. 仮想マシン

B. 物理サーバー

C. データセンター

D. リージョン

5 基幹業務アプリを実行する仮想マシンを展開する予定です。高可用性を実現するために、2 台の仮想マシンが参加する可用性セットを構成しました。可用性セット構成により提供される SLA は次のうちどれですか。正しいものを 1 つ選びなさい。

A. 99.9%

B. 99.95%

C. 99.99%

D. 99.999%

6 ハードウェア障害に対応するため、複数の仮想マシンを展開します。管理者の負担が最小限となる構成手順を 1 つ選びなさい。

A. 単一の可用性セットに複数の仮想マシンを展開する

B. 単一の可用性ゾーンに複数の仮想マシンを展開する

C. 複数の可用性セットに仮想マシンを展開する

D 複数の可用性ゾーンに仮想マシンを展開する

7 大規模災害に備えて、複数の場所に仮想マシンを展開します。展開先として最も適切なものを 1 つ選びなさい。

    A.　可用性ゾーンを持つリージョンと、任意のリージョンに分散させる

    B.　任意の 2 つのリージョンに分散させる

    C.　リージョンペアまたは可用性ゾーンに分散させる

    D.　リージョンペアを構成する各リージョンに分散させる

8 Azure のデータセンターにあるハードウェアが障害を起こしました。このとき、障害の影響を受ける範囲を何と呼びますか。

    A.　可用性セット

    B.　可用性ゾーン

    C.　障害ドメイン

    D.　更新ドメイン

9 Azure の「更新ドメイン」の説明として、正しいものを 1 つ選びなさい。

    A.　Azure データセンター内で同時に再起動する可能性のある物理マシングループ

    B.　Azure データセンター内でハードウェア障害が影響する可能性のある範囲

    C.　Azure データセンターの別名

    D.　利用者が作成した Azure 仮想マシンに対するソフトウェア更新の影響範囲

10 Azure の障害対策機能として併用できる正しい組み合わせを 1 つ選びなさい。

    A.   可用性セットと可用性ゾーン

    B.   可用性セットとリージョンペア

    C.   可用性セット、可用性ゾーン、リージョンペア

    D.   障害対策機能は併用できない

解答

1 **A、B**

日本には東日本と西日本の2つのリージョンがあります。

2 **B**

Azure Government は米国連邦政府などとその契約業者のみが使える
リージョンです。Azure China は 21Vianet 社によって運営される中国
国内向けの特別なリージョンです。

3 **B**

リージョン内には、低遅延ネットワークで接続された複数のデータセ
ンターがあります。実際には1つのこともあるようですが、概念とし
ては複数です。地理（ジオ）やリージョンペアは低遅延とはいえません。
可用性セットは単一データセンター内での障害対策機能です。

4 **C**

可用性ゾーン間はある程度離れているため、複数の可用性ゾーンを使
うことで、データセンター障害に対応できます。

5 **B**

可用性セット内に複数の仮想マシンを構成することで、SLA は 99.95%
となります。

6 **A**

ハードウェア障害に対応するため、単一の可用性セットに複数の仮想マ
シンを配置します。同一可用性セット内の仮想マシンは、自動的に複
数の障害ドメインに配置されます。複数の可用性ゾーンを構成するこ
とで、ハードウェア障害とデータセンター障害に対応できますが、ゾー
ンの割り当てを手動で行うため、管理者の負担がわずかに増えます。

第**4**章 Azure の物理構造

7　D

リージョンペアは、大規模災害を想定して設計されています。また、ストレージなど一部のサービスには自動複製機能も備わっています。リージョンペアを構成しない任意のリージョンを指定することも可能ですが、ストレージの自動複製機能などは備わっていません。

8　C

ハードウェア障害の影響範囲を「障害ドメイン」と呼びます。また、ソフトウェア更新の影響範囲を「更新ドメイン」と呼びます。「可用性セット」は障害ドメインと更新ドメインを分散させるための仕組みです。

9　A

更新ドメインは、Azure データセンター内で同時に再起動する可能性のある物理マシングループで、物理マシンのソフトウェア更新などの影響範囲を意味します。可用性セットを使うことで、仮想マシンを複数の更新ドメインに分散させることができます。

10　B

可用性セットとリージョンペアは併用できます。また、可用性ゾーンとリージョンペアも併用できます。ただし、可用性セットと可用性ゾーンは併用できません。

第5章

Azureの論理構造

5-1 サブスクリプション

Azureを使う際、最初に必要なのはAzureの利用契約を結ぶことです。そのためには、「サブスクリプション」と「テナント」の理解が必要です。

1 サブスクリプションとテナント

サブスクリプションは、Azure の契約を行う基本的な単位です。1 つの Azure サブスクリプションを契約することで、Azure のすべての機能を利用できます。また、後述するように、サブスクリプションは「請求」「管理」「アクセス制御」の単位として使用することもできます。経理的には、請求書の単位と思っておけばよいでしょう。たとえば、同じ会社でも請求先の部署を変更したい場合は、複数のサブスクリプションを契約します。

試験対策 サブスクリプションは Azure の契約の単位です。

参考 サブスクリプションの本来の意味は「購読」です。1 つの会社（1つのテナント）が、いくつかの雑誌を購読している（サブスクリプション）というイメージで覚えてください。

サブスクリプションを契約するには**テナント**が必要です。テナントは「テナントアカウント」とも呼ばれ、マイクロソフトのクラウドを利用する上での登録情報や利用者情報などを一元管理する一種のデータベースです。通常は会社などの組織単位で作成します。テナントを作成すると、クラウド上に組織の情報が登録され、マイクロソフトが提供するさまざまなクラウドサービスのサブ

スクリプションを追加できます[※1]。

　テナントは、マイクロソフトが提供するディレクトリサービス **Microsoft Entra ID（旧称 Azure Active Directory：Azure AD）**で管理されます。**ディレクトリサービス**とは、ユーザーや組織の情報を登録し、さまざまな検索機能を提供する仕組みのことです。 Azure の利用者は、Microsoft Entra ID に登録されたユーザー、サービス、デバイスで認証が行われ、Azure サブスクリプションの利用が承認されます。

　1つの会社（組織）で複数のテナントを登録することもできますが、管理が複雑になるため、一般には1つの組織で1つのテナントを作成します。テナントには、マイクロソフトが提供するクラウドサービスのサブスクリプションを紐付けます。テナントと違い、サブスクリプションは1つの会社で複数契約することが一般的です。たとえば、業務用（いわゆる「本番環境」）と開発用で別のサブスクリプションを契約します。

　複数のサブスクリプションが1つの Microsoft Entra ID ディレクトリを信頼（利用）できますが、各サブスクリプションを登録できるディレクトリは1つのみです。

　テナントを利用するのは Azure だけではありません。Microsoft 365 など、マイクロソフトが提供するクラウドサービスはすべて同じテナントに対してサブスクリプション単位で契約を管理できます。たとえば、すでに Microsoft 365 を契約している組織は、Microsoft 365 で使用している Microsoft Entra ID に Azure サブスクリプションを登録できます。

第 **5** 章　Azure の論理構造

試験対策

テナントは1社で1つが原則（複数契約も可能）、サブスクリプションは用途に応じて好きなだけ契約します。

※1　サブスクリプション契約時にテナントがなかった場合、新しいテナントが自動的に作成されます。すでにテナントが存在する場合は、そのテナントにサブスクリプションが登録されます。

[テナントとサブスクリプション]

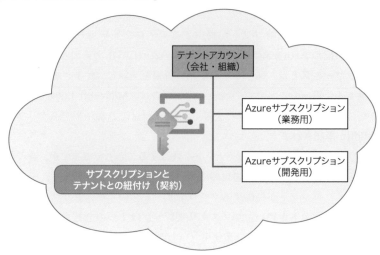

なお、サブスクリプションには、**クォータ**と呼ばれる制限があります。たとえば、個人が Web 経由で Azure のサブスクリプションを申し込んだ場合、仮想マシンが使う CPU コア数は 1 つのサブスクリプションに対して、リージョンあたり 10 基までしか使用できません。クォータには、サポートに依頼することで上限を変更できるものと、変更できないものがあります。CPU コア数は変更できるクォータの代表です。

 2023 年 8 月から Azure Active Directory（Azure AD）が Microsoft Entra ID に名称変更されました。機能の変更はありません。管理ツールやドキュメント内の名称変更は 8 月から順次行われ、2023 年末にはほとんど完了しています。ただし、一部に古い名称が残っているので注意してください。

IT システム管理に必要な作業は多岐にわたるため、目的別に作業を分担することがよくあります。しかし、単に分担規則を決めるだけでは、誤って自分の担当ではない操作をしてしまう可能性があります。

そこで、与えられた権限を越えた管理ができないような「境界」を設定します。これを**管理境界**と呼びます。

クラウドでの主な管理境界には、使用料を管理する**課金境界**と、仮想マシンなどのリソースを管理する**アクセス制御境界**があります。

- **課金境界**…サブスクリプション単位で課金されます。Azure ではサブスクリプションごとに個別の請求レポートと請求書が生成され、コストを整理して管理できます。たとえば、開発環境の課金は開発部門が負担し、社内利用の課金は IT 部門が負担するような場合、サブスクリプションを分けることがあります。サブスクリプションの種類によっては、複数のサブスクリプションをまとめた請求書が発行されますが、集計は常にサブスクリプション単位で行われます。

- **アクセス制御境界**…Azure はサブスクリプションレベルでアクセス許可を設定できます。たとえば、開発 1 課と開発 2 課のそれぞれにサブスクリプションを割り当てることで、各課のアクセス管理を容易に分離できます。サブスクリプションの管理者は、サブスクリプション内のすべてのリソースの管理権限を持つため、後述するリソースグループなどでは完全な分離ができません。また、後述する**管理グループ**を使えば、複数のサブスクリプションをまとめて管理権限を与えることができます。

Azure の課金は基本的に現地通貨で行われるため、日本で契約すると日本円で請求されます。為替レートは、前月末の最終営業日の 2 営業日前におけるロンドン終値スポットレートが使用されます。つまり、月末のレートが翌月の請求に使用されます。

サブスクリプションの主な目的は、請求管理を含む課金の境界を作ることと、アクセス制御の境界を作ることです。

サブスクリプションの契約形態（料金プラン）には、従量課金、エンタープライズアグリーメント、クラウドソリューションプロバイダー経由などの種類があります。詳しくは第 11 章で説明します。

● 従量課金（Webダイレクト）

マイクロソフトの Web サイトから直接申し込むため、**Web ダイレクト**と呼びます。また、完全従量課金の契約のため、「使った分だけ支払う」という意味で **PAYG（Pay As You Go）** とも呼ばれます。最初に従量課金のサブスクリプションを作成すると、必要に応じてテナントが自動的に作成されます。その後は、作成されたテナントに必要なだけサブスクリプションを追加できます。

● エンタープライズアグリーメント（EA）

マイクロソフトと直接契約し、1 年単位の利用量を確約（コミット）する必要があります。主に大企業が対象です。「エンタープライズ契約」と表記されることもあります。

● クラウドソリューションプロバイダー（CSP）経由

マイクロソフトの代理店であるクラウドソリューションプロバイダー（CSP）と契約します。完全従量課金で、複数のサブスクリプションによる請求を 1 つにまとめることが可能です。CSP 経由で購入したサブスクリプション自体を「CSP」と呼ぶこともあります。

そのほかに、以下のような特別な料金プランが用意されています。

● 無料試用版

マイクロソフトの Web サイトから Azure を契約する場合、無料試用版を選択できます。無料試用版は、30 日間で 200 ドル分のサービスが利用できるほか、一部のサービスは 12 か月間無料で利用できます。また、30 日を超えるか、200 ドルを使い切った場合は従量課金に移行できます。自動的に移行することはありません。また、契約後 30 日以内に従量課金に移行しても、無料使用分が失われることはありません。

　無料試用版は、30 日または 200 ドルのいずれかを超過した時点でサービスが停止し、読み取り専用状態になります。その後、90 日でデータが削除されるので、それまでの間に必要なデータを取り出してください。

　なお、この無料版アカウントは、原則として 1 人につき 1 アカウントしか使用できません。マイクロソフトによる許可がない限り、ほかのプランと組み合わせることはできません。

> 無料試用版であってもクレジットカードの登録が必要です。また、無料試用版の契約は原則として 1 人 1 回限りです。2 回目からは無料試用版を使えず、最初から従量課金の契約が必要です。

● メンバープラン

　特定のマイクロソフト製品やサービスを使用している場合、Azure のクレジット（利用権）が毎月定額で割り当てられるほか、一部のサービスの割引があります。たとえば、開発者向けサービス「Microsoft Visual Studio サブスクリプション」を契約している場合や、マイクロソフトの「Microsoft AI Cloud パートナープログラム（以前の Microsoft Partner Network)」に参加している場合などです。

　メンバープランには個人で契約できるものもあります。たとえば「Microsoft Visual Studio サブスクリプション」は、契約レベルに応じて毎月 50 ドル、100 ドル、150 ドルのいずれかのクレジットが開発用として与えられます。

[主なサブスクリプションの種類]

	従量課金	クラウドソリューションプロバイダー	エンタープライズアグリーメント	メンバープラン
別名	Web ダイレクト、PAYG			
契約先	マイクロソフト	CSP	マイクロソフト	マイクロソフト
主な対象	個人・個人事業主	中小企業	大企業	元プログラムに依存
最低利用金額	なし	なし	年額コミットメントが必要	月額無償枠で利用（超過分は従量課金）

第5章 Azure の論理構造

5-2 リソースとリソースグループ

Azureでは、あらゆるリソースを「Azure Resource Manager」と呼ばれるサービスで一元管理します。また、複数のリソースを効率よく管理するための「リソースグループ」が用意されています。そのほかに、複数のサブスクリプションを「管理グループ」としてまとめることもできます。

1 Azure Resource Manager

Azure のリソースの作成、構成、管理、削除を行うための管理サービスが **Azure Resource Manager（ARM）** です。Azure の構成は、すべてこの ARM を経由して行います。

たとえば、Azure の管理を行うツールには、Web ベースの管理画面「Azure ポータル」、PowerShell ベースのコマンドラインツール「Azure PowerShell」、Python 言語で記述されたコマンドラインツール「Azure CLI」などがあります。これらはすべて ARM の機能を呼び出しています。また、独自のアプリケーションを作成するための「REST API」が公開されており、ツール作成に役立つ「Azure SDK」も無償で提供されています。こうしたツールも ARM の機能を呼び出しています。

ARM は、**JSON 形式**で情報を記述して、リソースの展開（デプロイ）を行います。ARM が解釈できるように記述した JSON 形式のファイルを **ARM テンプレート**と呼びます。ARM テンプレートを使うと、複数のリソースを一括して展開することもできます。

JSON（JavaScript Object Notation）は、もともと JavaScript 言語のために設計されたデータ表現形式ですが、現在ではクラウド業界を含む IT 業界全体で広く使われています。

Azure の Web ベース管理ツール（Azure ポータル）は、実際には ARM テンプレートの作成ツールとして動作しています。また、定義済みの ARM テンプレートのサンプルは https://github.com/Azure/azure-quickstart-templates からダウンロードできます。

148

テンプレートを使ったリソースの展開は、Azure ポータル、Azure PowerShell、Azure CLI のいずれかを利用できます。

Azure の管理ツールには、Web ベースの「Azure ポータル」、コマンドラインツールの「Azure PowerShell」と「Azure CLI」があります。

試験対策

[Azure Resource Manager]

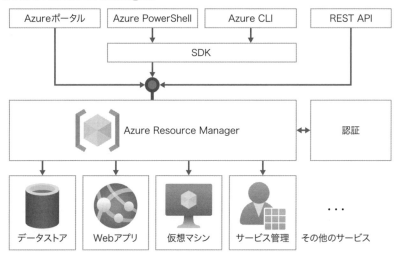

ARM テンプレートを使用すると、リソースグループ内に複数のリソースを一括で展開できます。展開には、Azure ポータル、Azure PowerShell、Azure CLI のいずれかを利用できます。

試験対策

2 リソースグループ

仮想マシン、ストレージアカウント、SQL Database など、Azure サービスが作成するインスタンス（実体）を**リソース**と呼びます。

多くのサービスは複数のリソースをセットで利用します。たとえば、仮想マ

第5章 Azure の論理構造

149

シンを作成する場合、OS やデータを保存するためのディスクが必要ですし、通信するための IP アドレスも必要です。また、水平スケーリングのために、複数の仮想マシンをまとめて利用することもあります。

このように、複数のリソースをまとめて扱うことはよくあります。そこで、協調して動作する複数のリソースを扱うために用意されたのが、**リソースグループ**です。

リソースグループは、リソースの入れ物として機能するコンテナーとして使用できます。関連性のあるリソースをリソースグループにまとめることで、管理作業を効率的に行うことができます。異なるリージョンのリソースを、1 つのリソースグループに登録することもできます。

試験対策 リソースグループ内に展開するリソースは、異なるリージョンのものが混在していても構いません。

リソースグループを使うことで、所属する複数のリソースに対して一括して管理や操作が可能になります。たとえば、以下のような作業ができます。

- **アクセス制御**…リソースグループに設定したアクセス許可は、そのリソースグループに所属するリソースに継承されるため、所属するリソースの利用権（設定変更ができる人、読み取りだけできる人など）を設定します。
- **ポリシー設定**…所属するリソースが満たすべき条件（たとえば最大 CPU コア数の制限など）を設定します。
- **課金集計**…所属するリソースの使用料を集計します（リソースグループ自体は無料）。
- **一括削除**…リソースグループを削除すると、リソースグループ内のすべてのリソースが削除されます。

すべてのリソースは、常に 1 つのリソースグループにだけ所属します。1 つのリソースを複数のリソースグループに所属させたり、どのリソースグループにも所属しない状態にしたりすることはできません。また、リソースグループ内に別のリソースグループを含め、階層構造にすることもできません。ただし、一度リソースグループに所属させたリソースを、あとから別のリソースグループ

に移動することは可能です。

[リソースグループ]

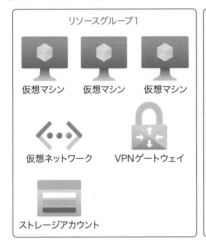

 すべてのリソースは1つのリソースグループにだけ所属します。また、リソースグループは階層構造を持ちません。

試験対策

 リソースグループを削除すると、削除したリソースグループ内にあるすべてのリソースが削除されます。

試験対策

　各リソースには**タグ**と呼ばれる一種のラベルを設定できます。タグには自由な文字列を設定でき、リソースの分類や課金の集計に用います。タグは単なるラベルであり、いつでも自由に追加や削除ができます。また、1つのリソースに複数設定することもできます。そのため、目的別にタグを設定して、柔軟な課金集計が可能になります。タグの詳細は第11章を参照してください。

第5章　Azure の論理構造

試験対策

リソースグループは、リソースを論理的に分類するだけでなく、アクセス制御の単位として使用することで、管理範囲として使用できます。リソースグループに割り当てた権限はリソースグループ内のリソースに継承されます。

試験対策

課金状況の集計は、リソースグループでもタグでも可能ですが、タグのほうが柔軟な集計ができます。MCP試験で「どちらを選んでも目的は達成できるが、どちらか一方を選ばなければならない」という場合は、「より一般的な利用方法」を選んでください。

試験対策

タグは単なるラベルで、いつでも自由に追加や削除ができます。また、複数設定することもできます。

5-3　サブスクリプションと管理グループ

多くの組織は複数のサブスクリプションを利用します。Azureでは複数のサブスクリプションをまとめるために「管理グループ」が利用できます。

1　管理グループの目的

複数のサブスクリプションに対して、一貫した管理権限を割り当てたり、共通の機能制限をかけたりしたい場合があります。Azureでは**管理グループ（Management Group）**が提供されており、テナント内の複数のサブスクリプションをまとめて管理できます。

Azureにおける「管理グループ」は、サブスクリプションや別の管理グループをまとめるコンテナーの役割を果たします。管理グループ内にサブスクリプションを配置すると、その管理グループに指定された管理条件が配下のすべてのサブスクリプションに自動的に適用されます。これによって、企業・組織のリソースが複数のサブスクリプションに分割されていても、一括管理することが可能になります。なお、1つの管理グループ内に含まれるサブスクリプションは、同一のMicrosoft Entra IDテナントを信頼している必要があります。

2　管理グループの利用

管理グループは階層構造を持つため、複数のサブスクリプションを効率よく管理できます。

管理グループを使うときは、以下の点に注意してください。

・1つのディレクトリでは、10,000個の管理グループをサポートできる
・管理グループのツリーは、最大6レベルの深さをサポートできるが、一般には2〜3程度に留めたほうがわかりやすいと思われる。なお、この制限

第5章　Azureの論理構造

153

にはルートレベルおよびサブスクリプション以下のレベルは含まれない
・各管理グループとサブスクリプションは、1つの親のみに所属できる
・各管理グループは、複数の子グループを持つことができる

試験対策 管理グループを階層的に構成することで、複数のサブスクリプションを整理して管理できます。

5-4 管理階層

管理グループ、サブスクリプション、リソースグループは、リソース管理を効率よく管理するための階層として利用できます。

1 管理階層の種類

Azureでは、管理グループ、サブスクリプション、リソースグループを使うことで、リソースのロール（役割）を階層的に管理できます。

[管理階層の構成例]

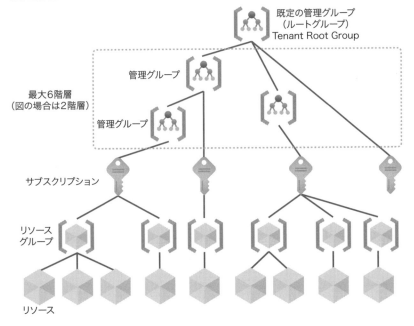

既定の管理グループ
（ルートグループ）
Tenant Root Group

管理グループ

最大6階層
（図の場合は2階層）

管理グループ

サブスクリプション

リソース
グループ

リソース

上図のとおり、管理グループに適用された設定情報はサブスクリプション、リソースグループの順に継承されて、最終的に各リソースに適用されることになります。

管理階層の目的

　管理グループ、サブスクリプション、リソースグループ、およびリソースに
はそれぞれ独自のアクセス許可や構成上の制約を設定できます。アクセス許可
は**ロールベースアクセス制御（RBAC）**を使用し、構成上の制約は**ポリシー**で
構成します（詳細は第 10 章と第 12 章で説明します）。

　前ページの図のとおり、これらの設定は、上位の管理グループ、サブスクリ
プション、リソースグループの順に継承されて、最終的に各リソースに適用さ
れます。

試験対策　ロールベースアクセス制御（RBAC）やポリシーは、上位の管理グルー
プ、サブスクリプション、リソースグループの順に継承されて、最
終的に各リソースに適用されます。

Q 演習問題

1 Azure を使用するために最低限必要な作業は次のうちどれですか。適切なものを 2 つ選びなさい。

    A.   サブスクリプションの登録

    B.   Azure ポータルの作成

    C.   テナントの作成

    D.   Microsoft アカウントの作成

2 テナントアカウントはどのような単位で作成するのが一般的ですか。適切なものを 1 つ選びなさい。

    A.   ユーザー

    B.   会社・組織

    C.   契約

    D.   リソース

3 開発部門が複数の Azure サブスクリプションを管理しています。このとき、開発部のメンバー全員にすべてのサブスクリプションの閲覧者役割を与えたいと考えています。管理コストが最も小さくなる手順を 1 つ選びなさい。

    A.   新たにサブスクリプションを契約し、すべてのサブスクリプションを子サブスクリプションとして登録する。親サブスクリプションの閲覧者役割を開発部員に与える

    B.   すべてのサブスクリプションの閲覧者役割を開発部員に与える

    C.   すべてのサブスクリプションを 1 つの管理グループにまとめ、管理グループの閲覧者役割を開発部員に与える

    D.   すべてのサブスクリプションを 1 つのリソースグループにまとめ、リソースグループの閲覧者役割を開発部員に与える

4 1 つの Azure サブスクリプションに対して複数のプロジェクトがあります。リソースへのアクセス許可などの役割管理はプロジェクトごとに行われていますが、一部のリソースは全プロジェクトで共有したいと考えています。このとき、共有リソースをどのように管理するのが適切でしょうか。管理コストが最も小さくなる手順を 1 つ選びなさい。

    A. 共有リソースのそれぞれに適切な役割を与える

    B. 共有リソースを 1 つの管理グループに展開し、管理グループに適切な役割を与える

    C. 共有リソースを 1 つのリソースグループに展開し、リソースグループに適切な役割を与える

    D. 共有リソースを新しいサブスクリプションに展開し、サブスクリプションに適切な役割を与える

5 佐藤さんは、Azure サブスクリプション A の閲覧者役割を持っています。サブスクリプション A には、リソースグループ RG があり、RG にはリソース R1 と R2 があります。佐藤さんが閲覧可能なリソースとして正しいものを 1 つ選びなさい。

    A. サブスクリプション A のみ

    B. サブスクリプション A とリソースグループ RG のみ

    C. サブスクリプション A、リソースグループ RG、リソース R1 および R2 のすべて

    D. リソースグループ RG とリソース R1 および R2

6 Azure を使って App1 および App2 という 2 つのアプリケーション開発をしています。App1 には 2 台の仮想マシン App1-VM1 および App1-VM2 が含まれ、App2 にも 2 台の仮想マシン App2-VM1 および App2-VM2 が含まれます。予算管理者は、以下のような視点で課金状況を知りたいと考えています。

・アプリケーション App1 および App2 単位での課金状況
・アプリケーション App1 の全仮想マシン（App1-VM1 と App1-VM2）および App2 の全仮想マシン（App2-VM1 と App2-VM2）に対する課金状況

どのような方法が適切でしょうか。1つ選びなさい。

A. App1 および App2 に対応するリソースグループ App1-RG と App2-RG2 を構成し、それぞれに子リソースグループ App1-VMs と App2-VMs を構成し、仮想マシンを登録する

B. App1 および App2 に対応するリソースグループ App1-RG と App2-RG を構成し、それぞれに仮想マシンを含む全リソースを登録する。次に仮想マシン専用のリソースグループ App1-VMs と App2-VMs を構成し、それぞれに仮想マシンを登録する

C. 以下のようにタグを構成する

リソース	タグ	値
App1 の全リソース（仮想マシンを含む）	Apps	App1
App2 の全リソース（仮想マシンを含む）	Apps	App2
App1 の仮想マシン （App1-VM1 と App1-VM2）	VM	App1-VM
App2 の仮想マシン （App2-VM1 と App2-VM2）	VM	App2-VM

D. App1 および App2 に対応する管理グループ App1-MG と App2-MG を構成し、それぞれにリソースグループ App1-VMs と App2-VMs を構成し、仮想マシンを登録する

7 Azure サブスクリプションと Microsoft 365 で利用されているディレクトリサービスはどれですか。正しい組み合わせを1つ選びなさい。

A. Azure、Microsoft 365 ともに Active Directory ドメインサービス

B. Azure、Microsoft 365 ともに Microsoft Entra ID

C. Azure は Active Directory ドメインサービス、Microsoft 365 は Microsoft Entra ID

D. Azure は Microsoft Entra ID、Microsoft 365 は Active Directory ドメインサービス

第**5**章 Azure の論理構造

8 現在、Azure を使って構築した社内システムを利用しています。新た
に顧客向けサービスを Azure 上に構築することになりました。顧客
向けサービスに使用する Azure サブスクリプションとして、最も適
切である可能性が高いものを 1 つ選びなさい。

A.　顧客向けサービス用に新しいサブスクリプションを契約する

B.　社内システム用のサブスクリプションをそのまま利用し、顧客向
けサービス用のタグを作成する

C.　社内システム用のサブスクリプションをそのまま利用し、顧客向
けサービス用のリソースグループを作成する

D.　社内システム用のサブスクリプションを分割し、顧客向けサービ
ス用のサブスクリプションを作成する

9 テスト環境の構築のため、複数の Azure リソースを繰り返し構成す
る必要があります。複数のリソースを間違いなく、確実に構成する
ためにはどの管理ツールを使うのが適切でしょうか。1 つ選びなさい。

A.　ARM テンプレート

B.　Azure CLI

C.　Azure PowerShell

D.　Azure ポータル

10 アプリケーションのテスト環境を Azure 上に構築しました。テスト
が完了したので、テスト環境を破壊したいと思います。どの手順が
最も一般的な手順でしょうか。1 つ選びなさい。

A.　Azure ポータルにアクセスし、Azure PowerShell または Azure CLI
で利用可能な削除スクリプトを生成する

B.　テスト環境で使ったサブスクリプションを削除する

C.　テスト環境で使った管理グループを削除する

D.　テスト環境で使ったリソースグループを削除する

A 解答

1 　A、C

テナント作成とサブスクリプション登録が必須です（この 2 つは同時に行うこともできます）。最初のテナント登録は Microsoft アカウントを使って行うのが一般的ですが、必須ではありません。Microsoft アカウントではなく Microsoft Entra ID に登録されたユーザーを使うこともできます。Azure ポータルは、Azure サービスの管理用にマイクロソフトが提供する Web インターフェイスであり、利用者が作成するものではありません。

2 　B

一般的には、テナントは会社などの組織単位で作成します。1 つの会社が複数のテナントを持つことはありますが、ユーザーや契約、リソース単位でテナントを作ることはありません。

3 　C

管理グループを使うと、複数のサブスクリプションをまとめて管理できます。管理グループに与えた役割は管理グループに登録したすべてのサブスクリプションに継承されます。

4 　C

リソースグループに与えた役割は、リソースグループ内のリソースに継承されます。管理グループは複数のサブスクリプションの管理に利用します。新しいサブスクリプションを用意する必要はありません。

5 　C

サブスクリプションに与えた役割は、サブスクリプション内の全リソースグループに継承され、さらにリソースグループ内の全リソースに継承されます。

6 C

1つのリソースに複数のタグを設定できるため、さまざまな側面から課金状況を分析する場合によく使われます。リソースグループ単位の集計も可能ですが、柔軟性に欠けます。リソースグループは階層構造を持たず、1つのリソースは1つのリソースグループにのみ登録できます。

7 B

Microsoft Entra ID（旧称 Azure Active Directory）は、Azure や Microsoft 365 を含むマイクロソフトのクラウドサービスすべてで共通に使われるディレクトリサービスです。Active Directory ドメインサービスは主にオンプレミス環境で使われるディレクトリサービスです。

8 A

社内利用と顧客向けなど、会計的に異なる処理を行う場合は別のサブスクリプションを契約します。既存のサブスクリプションを分割する機能はありません。

9 A

ARM（Azure Resource Manager）テンプレートを使うと、複数の Azure リソースを一度に作成できます。ARM テンプレートの展開には Azure ポータル、Azure CLI、Azure PowerShell のどれでも可能ですが、構成の指示は ARM テンプレートにのみ記述されているため、正解は ARM テンプレートになります。

10 D

リソースグループを削除すると、そのリソースグループ内のすべてのリソースが削除されます。サブスクリプションを削除してもリソースは削除されますが、それ以上サブスクリプションの利用ができなくなるため一般的ではありません。

第6章

Azureコンピューティング

6-1 コンピューティングサービス

Azureが標準で提供するサービスには多くの種類があります。ここでは仮想マシンを含め、アプリケーションを実行するためのサービスについて説明します。

1 サーバーとコンピューティング

　Azure のサービスの中で最もイメージしやすいのは、サーバーの利用ではないでしょうか。オンプレミスでは物理マシンを利用しますが、クラウドでは仮想マシンの利用が一般的です。さらに、仮想マシンすら意識せず「Web アプリケーションサーバー」のような抽象的な考え方を使うこともあります。このように、ハードウェアとしてのサーバーを意識しないこともあるため、クラウドでは利用者にコンピューター資源（リソース）を提供するサービスを、**コンピューティングサービス**あるいは**コンピュートサービス**と呼ぶことがあります。

2 Azureコンピューティングサービス

　Azure コンピューティングサービスには多くの種類があります。それぞれに特徴があり、目的によって使い分けます。
　主なコンピューティングサービスは以下のとおりです。

- **仮想マシン**…IaaS ベースの仮想マシンを提供します。
- **コンテナー**…軽量仮想マシン環境「Docker」ベースのサービスを提供します。
- **Web アプリ**…Web サイトを構築する PaaS サービスを提供します。
- **サーバーレス**…サーバーを意識しない PaaS サービスを提供します。
- **仮想デスクトップ**…デスクトップ PC として利用する Windows クライアント OS を提供します。

6-2　仮想マシン

オンプレミスのサーバー機能をそのままクラウドで動作させるのに
最も手軽なサービスが、「仮想マシン（VM）」です。仮想マシンには、
仮想プロセッサ、メモリ、ストレージ、ネットワークリソースとと
もにOSが含まれ、物理コンピューターと同じようにWindowsや
Linuxを実行できます。

1　Azure VM

　Azureが提供する仮想マシンが **Azure VM** です。多くの場合、Windows ま
たは Linux を指定して展開します。Azure VM では、既存の OS の機能がそのま
ま利用できるため、オンプレミスに展開する物理マシンや仮想マシンと同じよ
うに、Azure VM の環境をカスタマイズして使用できます。

　Azure VM を使うことで、Web サーバーはもちろん、データベースサーバー
や Web 以外のアプリケーションサーバーなど、ほぼすべての機能を実現できま
す。ただし、ブロードキャスト（LAN 内の一斉通信機能）など、一部サポート
されない機能もあります。

　新しく Azure VM を展開する場合には、Azure Marketplace で公開されてい
るイメージ（仮想マシンのひな形）を指定するか、利用者自身で作成する独自
のイメージ（カスタムイメージ）を登録して指定します。

　Azure VM を作成するときは、作成するリージョンと OS を指定し、Azure
が提供する仮想マシンのサイズ一覧から適切な性能を選択します。各サイズは、
価格と性能のバランスが取れるように CPU 数やメモリ量が設定されています。
CPU 数やメモリ量を自由に設定することはできません。

　Azure VM 作成後は、仮想マシンサイズをいつでも変更できます。つまり、垂
直スケーリングに対応しています。ただし、変更を行うと仮想マシンが自動的に
再起動するので注意してください。また、水平スケーリングを行う場合は、負
荷分散機能に加えて、サーバー台数の指定が必要です。サーバーの追加と削除
の自動化ルールを構成することもできます。

第6章　Azure コンピューティング

[Azure VMの作成]

[Azure VMの管理]

　Azure VM は 1 つの Azure リソースですが、単独で仮想マシンを提供することはできず、以下のリソースが必要です。Web ベースの管理ツール **Azure ポータル**から Azure VM を作成した場合、これらのリソースは必要に応じて自動的に作成されます。

- **Azure VM**…仮想マシン本体（課金あり）
- **ディスク**…システムディスクおよびデータディスク（課金あり）
- **ネットワークインターフェイス**…ネットワーク接続用のインターフェイス（課金なし）
- **仮想ネットワーク**…仮想マシンを接続するネットワークスイッチ（課金なし）
- **ネットワークセキュリティグループ（NSG）**…仮想マシンのセキュリティフィルター機能（課金なし）
- **パブリックIPアドレス**…インターネットから接続するためのIPアドレス（課金あり）

　このうち NSG は推奨オプションで、設定しないこともできます。また、インターネットから着信しない場合はパブリック IP アドレスを設定しないこともできます。

　1 つの仮想ネットワークには複数の Azure VM を接続できます。接続された Azure VM 同士は自由に通信できます。仮想ネットワーク、ネットワークセキュリティグループ、パブリック IP アドレスなど、ネットワーク関連のサービスは第 7 章で詳しく説明します。

[Azure VMの構成]

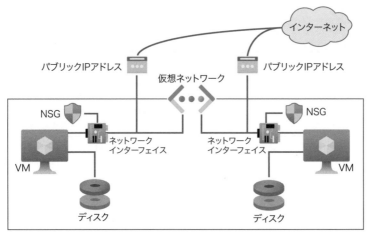

第 **6** 章

Azure コンピューティング

仮想マシンは、リモート管理用のツールを使用して管理できます。一般的には Windows は「リモートデスクトップサービス」、Linux は「SSH」を使用しますが、仮想マシンで追加の設定を行うことで、Windows で SSH を使用することもできます。

Windows 仮想マシンをネットワーク経由で管理する場合は、GUI が利用可能な「リモートデスクトップ接続」を使うのが一般的です。リモートデスクトップ接続が利用するネットワークプロトコルを「RDP（Remote Desktop Protocol）」と呼ぶため、リモートデスクトップ接続のことを「RDP 接続」とも呼びます。RDP は暗号化通信を行うためインターネット上で安全に利用できます。
Linux 仮想マシンをネットワーク経由で管理する場合は、SSH がよく使われます。SSH は「Secure Shell」の意味で、コマンドラインを使った操作のみが可能です。SSH も暗号化通信を行います。

Azure VM は、Web サーバーはもちろん、データベースサーバーなど、多様なサーバー機能をサポートします。

Azure の仮想マシンは、Windows 標準の仮想化機能 Hyper-V 上に構築されています。そのため、Hyper-V 仮想マシンで動作する OS であれば、原理的には Azure 上で利用できます。

Azure VM を構成するには、Azure VM 以外にディスクやネットワークインターフェイスが必要です。また、仮想ネットワークなどのネットワークリソースも必要です。

オンプレミス環境と最も互換性の高いサービスが Azure VM です。そのため、既存システムをそのまま移行するのに最適です。

2 Azure Virtual Machine Scale Sets（VMSS）

Azure Virtual Machine Scale Sets（VMSS） は、同じ構成の複数の Azure VM をグループとして作成および管理できる Azure コンピューティングのリソースです。VMSS では、負荷分散サービス（ロードバランサー）と組み合わせることで、スケールセット内で負荷分散を行ったり、自動スケールを構成したりできます。自動スケールでは VMSS 内のインスタンス（仮想マシン）の負荷やスケジュールによりインスタンスを自動で追加したり、削除したりすることが可能です。そのため、Web サーバーの水平スケーリングによく使われます。また、仮想マシンサイズを変更することも可能なので、垂直スケーリングにも対応します。

VMSS を使用すると、負荷に応じて最適な仮想マシンの台数を調整したり、多数の仮想マシンを並列動作させることで、大量の計算を高速に行うことができます。

VMSS の構成は Azure VM と変わらないため、IaaS の一種と考えられます。しかし、負荷に応じて仮想マシンの増減が可能など、通常の仮想マシンにはない機能が存在します。つまり「PaaS 的な機能を持つ IaaS」と考えられます。

試験対策

Azure Virtual Machine Scale Sets は、同じ構成の仮想マシンを必要に応じて増減させることができます。そのため、Web サーバーなどの水平スケーリングに最適です。また、Azure VM と同様の垂直スケーリングも構成できます。

第 **6** 章

Azure コンピューティング

コンテナー

仮想マシンよりも軽量で高速に起動するコンピューティングサービスとして「コンテナー」があります。AzureではDockerに準拠したコンテナーが利用できます。

1 コンテナー登場の背景

　仮想マシンは、オンプレミスと同じように扱えるのが利点ですが、これは同じようにしか扱えないという欠点にもつながります。特に起動に時間がかかることが問題になってきました。

　クラウドでは、伸縮性と迅速性を重視します。これは、必要なサーバーを、必要なときに起動し、不要になればすぐ削除することでコストを最適化できるからです。しかし、通常の仮想マシンは起動に数十秒かかってしまいます。「負荷が上昇してきたので、サーバーを追加したい」と思っても、サーバーの起動が追いつかないかもしれません。

　そこで注目されているのが**コンテナー**です。コンテナーは軽量で、動的に作成、水平スケーリング、および停止でき、問題が発生した場合でも素早く再起動できるアプリケーションを実行するための仮想化環境です。一種の仮想マシンですが、数秒から十数秒で起動するため、待ち時間がほとんど発生しません。

　Azure の仮想マシンは、Windows Server 標準の **Hyper-V** を利用しています。Hyper-V の仮想マシンはすべて独立した仮想ハードウェアを持ちます。仮想マシンごとに別の OS がインストールされるため、Windows と Linux を混在できるという利点はありますが、メモリが別々に割り当てられるなど、利用効率はよくありません。

[仮想マシン（Hyper-V）]

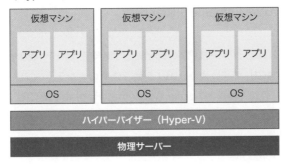

　コンテナーでも、OS 上に一種の仮想環境を作成する点は変わりませんが、個々のコンテナーはコンテナーエンジンを通して、コンテナーが動作しているサーバーの OS をそのまま使います。そのため、Linux コンテナーエンジンでは Linux コンテナーしか動作しないという制約は存在しますが、仮想マシンのように個別に OS を動作させるよりもずっと効率よく動作します。ただし、コンテナーによる仮想環境は基本的に GUI を持たず、コマンドで操作する必要があります。

[コンテナー]

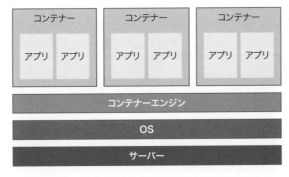

　Azure では Docker 社のテクノロジーを利用した Docker コンテナーを利用できます。

試験対策　コンテナーは、仮想マシンを素早く起動できますが、コンテナー仮想マシンの管理作業は原則としてコマンド操作が必要です。

第6章　Azure コンピューティング

2 Azure Container Instances

Docker 社のコンテナー技術を Azure 上に実装したのが **Azure Container Instances（ACI）** です。また、ACI が使うためのコンテナーイメージ（構成済みコンテナー）の保存場所が **Azure Container Registry（ACR）** です。ACR は、Docker 社が提供する Docker イメージ共有サービス「Docker Hub」と同様のイメージ管理機能を組織内に提供します。

ACI では、Windows コンテナーと Linux コンテナーを利用できます。

試験対策　Azure で Docker コンテナーを実行する仕組みを「ACI（Azure Container Instances）」と呼びます。ACI のためのコンテナーイメージの保存場所が「ACR（Azure Container Registry）」です。

3 Azure Kubernetes Service

コンテナーは高速に起動でき、削除も簡単なため、必要に応じて作成と削除を繰り返すのが一般的です。しかし、コンテナーの数が増えてくると管理作業が複雑になります。Azure では多数のコンテナーを容易に管理するために **Azure Kubernetes Service（AKS）** を利用できます。Kubernetes（クーバネティス）はオープンソースのコンテナーオーケストレーションシステムです。ここでのオーケストレーションとは、事前の設定に基づき、コンテナーの開始、停止、水平スケーリングなどを自動的に行う仕組みを指しています。

試験対策　多数のコンテナーの実行環境を管理するサービスが、「AKS（Azure Kubernetes Service）」です。

6-4 アプリケーションサービス（App Service）

アプリケーションサービス（Azure App Service）は、Azureが提供するWebベースのPaaSです。OSやJava、.NETなどのミドルウェアの管理をすべてAzureに任せることができます。

1 PaaSとしてのApp Service

Azure VM（仮想マシン）では、OS の更新や設定は利用者の責任です。これに対し **Azure App Service** は PaaS であり、OS やミドルウェアなどプラットフォームの管理を Azure に任せることができます。ただし、直接ログオンして OS を設定することはできず、動かしたいプログラムを App Service に送り込んで利用することになります。Windows または Linux のどちらの環境で実行するのかを作成時に指定しますが、詳細なバージョンは指定できません。

2 App Serviceの利点と制約

App Service は、オンプレミス環境と高い互換性を持ちながら、OS やミドルウェアの保守が不要になるという利点を持っています。そのため、アプリケーションの新規開発はもちろん、同一ミドルウェアを使った既存アプリケーションの移行にも利用できます。

しかし、オンプレミスで使っていたミドルウェアと完全に同じバージョンが提供されるとは限らないため、既存アプリケーションの移行には若干の修正が必要となる場合があります。たとえば、ミドルウェアの古いバージョンは提供されませんし、最新版の提供もリリースから若干の遅れがあります。また、OS については Windows か Linux かの選択はできるものの、バージョンは指定できません。

一方、新規作成の場合は、App Service が提供するバージョンに合わせればよいため、こうした問題は発生しません。そのため、App Service はアプリケーションの新規作成により向いているといえます。

Azure App Service は OS とミドルウェアを提供します。

Azure App Service は、オンプレミスの既存アプリケーションの移行にも、新規アプリケーションの作成にも使えますが、どちらかというと新規アプリケーションの作成のほうが適しています。

　App Service は、仮想マシンの保守を行う必要はありませんが、仮想マシンのサイズと稼働時間で課金されるため、サーバーの存在は意識する必要があります。

3　App Serviceとサーバーレスコンピューティング

　App Service の中で、Web アプリケーションサーバーを提供するサービスを **Web アプリ（Web App）** と呼びます。一般に、単に **App Service** といった場合は Web アプリを指すのが一般的です。

　Web アプリ以外の App Service として、後述する **Azure Functions（関数アプリ）** と **Azure Logic Apps** があります。これらのサービスは、サーバーの性能や台数を指定しない**サーバーレスコンピューティング**として使われることが一般的なので「6-5　サーバーレスコンピューティング」で説明します。ただし **App Service プラン**を選択することで、サーバー性能を指定して実行することもできます。

6-5 サーバーレスコンピューティング

> サーバーレスコンピューティングとは、サーバーの能力や台数を意識せずに利用可能なコンピューティングサービスです。

1 サーバーレスコンピューティングとは

　仮想マシンでは、初期設定は自動化されているものの、個別の設定は利用者の責任ですし、毎月のように公開される更新プログラムを適用する必要もあります。コンテナーでは、コアとなるOSはAzureの管理下にありますが、ミドルウェアの更新は利用者の責任です。コンテナーイメージの更新作業を自動化することは可能ですが、まったく何もしなくてもよいというわけにはいきません。これはIaaSが持つ本質的な制約です。PaaSを利用すれば、こうした更新作業はすべてクラウドに任せることができます。

　サーバーレスコンピューティングはPaaSの一種であり、OSやミドルウェアの存在を意識する必要はありません。「サーバーレス」といいますが、もちろん実際にサーバーが存在しないわけではありません。「サーバーの管理をする必要がない」という意味での「サーバーレス」と考えてください。

　サーバーレスコンピューティングは、アプリケーションを実行できる環境を指します。これにより、必要なときに、必要な実行環境が提供されるため、インフラストラクチャの構成や準備、保守を行う必要がなくなります。サーバーレスコンピューティング環境では、定期的なタイマーなど、ほかのAzureサービスからのメッセージによるイベント応答型のアプリケーションを構成できます。

　また、スケーリングやパフォーマンス調整は自動的に行うことができます（スケーラビリティと伸縮性に優れています）。リソースを予約する必要はありません。使用したリソースに対してのみ課金が行われ、待機時間には課金されないため、コストも最適化できます。

　Azureでは一般的なサーバーレスコンピューティングサービスとして、Azure FunctionsとAzure Logic Appsが提供されています。ただし、両サービスともにサーバーのCPU数やメモリ量などを明示的に指定して実行することも可能で

第6章 Azure コンピューティング

175

す。この場合は待機時間を含め、経過時間で課金されます。

2　Azure Functions（関数）

　App Service はサービスを作成したら常時課金されるため、たまにしか動作させないプログラムの場合はコスト面で不利になります。一方、**Azure Functions** では、プログラムが実際に動いた分だけを課金対象とすることができます。

　Azure Functions は**関数アプリ**とも呼ばれ、C# や Python など既存のプログラム言語を使用して作成した関数を実行できます。関数の実行環境は、「消費量プラン（サーバーレス）」か、「App Service プラン」を選択できます。消費量プランでは、登録した関数の純粋な実行時間と回数で課金され、待機している時間に対する課金はありません。消費量プランは「従量課金モデル」とも呼ばれます。一方、App Service プランを指定すると内部で App Service が利用され、実行せずに待機している時間も含めて課金されます。コスト的には不利ですが、起動時間を大幅に短縮できます。ほぼ常時起動しているような場合や、起動と停止を頻繁に繰り返す場合は、App Service のほうが有利なことがあります。

　作成した関数アプリは、外部からのアクセス要求などのイベントや定期的な動作を指示するタイマーなどの設定により実行できます。Azure Functions では、C# や JavaScript、Python などさまざまな言語がサポートされており、最適な言語を選択して開発が可能です。OS を意識しないため、プラットフォームやインフラストラクチャ管理を必要としない場合に適しています。ほかの Web アプリケーションから発生するリクエストやタイマー、ほかの Azure サービスからのメッセージによるイベントに応答して起動し、通常は数秒程度で動作を開始します。

　Azure Functions のプラットフォーム（OS やミドルウェア）は自動的に更新され、利用者が意識する必要はありません。

[Azure Functions]

関数アプリの作成画面

| 3 | **Azure Logic Apps** |

　複数のアプリケーションを連携したい場合、従来は連携のためのプログラム
を作成し、どこかの仮想マシンで実行する必要がありました。しかし、仮想マ

シンは高価なサービスなので、全体のコストが大きく上昇してしまいます。しかも仮想マシンの管理コストという問題もあります。

Azure Logic Apps はロジックアプリとも呼ばれ、さまざまなアプリケーションやサービスを統合し、タスクやワークフローを自動化できるサービスです。Logic Apps 自身で何かを行うというより、アプリケーション間の接続サービスを提供します。そのため、クラウドやオンプレミスで実行されるアプリケーションやシステムを容易に統合できます。また、Azure Functions と同様「消費量プラン（サーバーレス）」と「App Service プラン」を選択できます。消費量プランでは稼働時間にのみ課金されるので、コストも最適化できます。ただし、App Service プランを選択した場合は稼働時間で課金されます。

Logic Apps は Web ベースのデザイナーを利用することで、コードの記述をしなくても、Azure サービスによってトリガーされるロジック（プログラムの動作）を実行できます。これにより、何らかのトリガーが発生した際に、Microsoft 365 のサービスを使用してメールを送信するなどの、ワークフロー（処理の流れ）を構成できます。

[Azure Logic Apps]

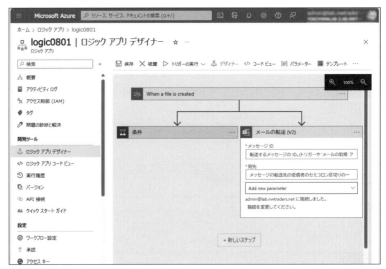

試験対策 Azure Functions と Azure Logic Apps では、サーバーレスコンピューティングの機能を利用できます。

6-6 仮想デスクトップ（Azure Virtual Desktop）

通常、Azure VMはサーバーを提供し、アプリケーションを動作させるためのプラットフォームになります。これに対して「仮想デスクトップ」は利用者に対してクライアントOSを提供します。

1 Azure Virtual Desktopの目的

Azure Virtual Desktop（AVD）はクラウドで実行されるデスクトップやアプリケーションの仮想化サービスで、**仮想デスクトップインフラストラクチャ(VDI)** の一種です。VDIは、いわゆる「シンクライアント」環境を提供する機能です。シンクライアント環境では、すべてのアプリケーションはサーバー側（VDIでは Azure 上）で実行され、利用者が使うクライアントは、画面表示とキーボード・マウス操作だけを担当します。

2 Azure Virtual Desktopが提供するOS

一般に、クラウドの仮想マシンはサーバーを提供しますが、Azure Virtual Desktop はクライアント OS として Windows 10 と Windows 11 を提供します。また、Windows Server 2016/2019/2022 のデスクトップ環境もサポートします。

Azure Virtual Desktop は、サーバーではなくクライアントのデスクトップPC 環境を提供するため「DaaS (Desktop as a Service)」と呼ぶこともあります。

第6章 Azure コンピューティング

179

[Azure Virtual Desktop]

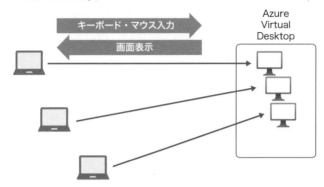

試験対策 Azure Virtual Desktop は、Windows 10/Windows 11 および Windows Server のデスクトップ環境を提供する VDI 環境です。

参考 Azure Virtual Desktop は、以前は「Windows Virtual Desktop（WVD）」と呼ばれていました。

参考 利用者側で追加作業を行うことで、Azure Virtual Desktop で Windows 7 を利用することもできましたが、2023 年 1 月でサポートが終了しました。

<table>
<tr><td>6-7</td><td>ホスティングオプションの選択</td></tr>
</table>

Azureには数多くのコンピューティングサービスがあります。ここでは、これらの使い分けについて整理します。

1　ホスティングオプションの種類

　Azure のコンピューティングサービスは、アプリケーションをどこで動作させるのかによって分類されます。アプリケーションを保持する（ホストする）場所の種類なので**ホスティングオプション**と呼びます。

　Azure のホスティングオプションは図のとおりです。

[Azureホスティングオプション]

仮想マシン	コンテナー	App Service	サーバーレス	
アプリケーション	アプリケーション	アプリケーション	アプリケーション	利用者が構成
ミドルウェア	ミドルウェア	ミドルウェア	ミドルウェア	利用者が選択
仮想マシンOS	コンテナーエンジン	仮想マシンOS	仮想マシンOS	
物理マシン	物理マシン	物理マシン	（意識しない）	Azureが管理

　これらはすべてサーバー向けのサービスを提供します。なお、仮想デスクトップはクライアントを提供するため、一覧には含めていません。

　仮想マシンとコンテナーはいずれも IaaS ベースのサービスなので、OS の初期構成は Azure が行いますが、その後は利用者が自由に構成を変更できます。また、構成後の保守は利用者の責任です。コンテナーは、IaaS と同様、利用者が OS やミドルウェアの構成を行いますが、起動や停止を自動化するのが一般的なので、PaaS に近い位置付けです。

　Web アプリを代表とする App Service は、ミドルウェアの種類とバージョン、および OS として Windows か Linux かを選択できますが、利用者が自由に構成することはできません。OS やミドルウェアの構成や更新は、Azure の責任です。ただし、動作するサーバー台数を指定することで水平スケーリングを行ったり、サーバー性能を指定して垂直スケーリングを行ったりできます。

181

一方、サーバーレスコンピューティングではミドルウェアと OS は選択できるものの、具体的な構成ができない上、サーバー性能や台数まで完全に Azure 任せになります。つまり、利用者はサーバーを意識する必要がありません（意識できません）。

 仮想マシンでの OS の保守は利用者の責任です。

 App Service での OS の保守は Azure の責任です。

 サーバーレスコンピューティングでは、サーバーの性能や台数は指定できません。

2 App Serviceの種類

仮想マシンにはどのようなアプリケーションでも構成できますが、App Service で構成できるのは Web ベースのアプリケーションに限られます。App Service の代表的なサービスは **Web アプリ**ですが、そのほかにも **API アプリ**や**モバイルアプリ**、**WebJobs** などのサービスも提供します。

● Webアプリ

Web アプリでは、マイクロソフトが開発した Web アプリケーションプラットフォーム「.NET」を提供します。.NET では C# など複数のプログラム言語が利用可能です。また .NET 以外のプラットフォームも提供されており Java、Ruby、Python、PHP などの言語も利用できます。

一部の言語は、利用可能な OS が制限されます。たとえば、「.NET」は Windows と Linux のどちらでも利用可能ですが、旧形式の .NET である「ASP

.NET」は Windows 版のみが提供されます。また、PHP は Linux 版のみが提供
されます。

> Web アプリは、Windows と Linux の両方で動作するさまざまなプ
> ログラム言語をサポートします。ただし ASP.NET は Windows 専用で、
> PHP は Linux 専用です。

● APIアプリ

　Web アプリと同様の構成ですが、ユーザーではなく他のアプリケーション
にサービスを提供します。これを **API アプリ**と呼びます。**API（Application
Programming Interface）** はアプリケーションに提供する機能のことです。

　API アプリは Web ベースのプロトコル（HTTP または HTTPS）を使用するため、
インターネット上で容易に利用できます。

● モバイルアプリ

　モバイルアプリはモバイルデバイス向けアプリケーションのために、Android
と iOS/iPadOS 用の機能を提供します。たとえば、データベースサーバーにア
プリケーションデータを格納したり、Microsoft アカウントや Facebook アカウ
ントなどの認証機能を簡単に追加したりできます。また、プッシュ通知送信に
も対応します。ただし、データベースサーバー自体やアカウントの追加・変更・
削除などの管理機能は提供しません。

● WebJobs

　WebJobs は Java や Python などのプログラム言語や、PowerShell などの
スクリプト言語で記述したプログラムを実行できます。これらのプログラムは、
時刻を含め、さまざまな条件を満たしたときに実行させることもできます。

> App Service の代表である Web アプリは、一般的な Web アプリケー
> ションのほか、アプリケーションにサービスを提供する機能や、モ
> バイルデバイス向けのモバイルアプリなどもサポートします。

第 **6** 章

Azure コンピューティング

1 Azure VM について、正しい記述を 1 つ選びなさい。

A. 特別なリソースを追加しなくても、垂直スケーリングが可能

B. 特別なリソースを追加しなくても、水平スケーリングが可能

C. 特別なリソースを追加しなくても、垂直および水平スケーリングが可能

D. 垂直スケーリングには削除と再作成が必要

2 Azure VM を利用する場合、Azure VM 以外に構成する必要のあるリソースはどれですか。必須のリソースとして正しいリストを 1 つ選びなさい。ただし、仮想ネットワークはすでに構成されているものとします。

A. ディスクのみ

B. ディスクとネットワークインターフェイス

C. ディスクとネットワークインターフェイスとネットワークセキュリティグループ

D. Azure VM のみでよい

3 Azure VM を使って展開可能なサービスとして、正しい記述を 1 つ選びなさい。

A. Web サーバー全般を展開可能なほか、データベースサーバーなどほとんどのサービスが展開可能

B. Web サーバー全般を展開可能だが、それ以外は Azure のサービスリストからのみ展開可能

C. Web サーバーのみ展開可能

D. Web サーバーは App Service が提供するため、Web サーバーは展開できない

4 Virtual Machine Scale Sets（VMSS）の特徴として正しいものを 1 つ選びなさい。

    A.   垂直スケーリングのみに対応する

    B.   水平スケーリングと垂直スケーリングの両方に対応する

    C.   水平スケーリングのみに対応する

    D.   スケーリングオプションには対応しない

5 必要に応じて短時間だけ仮想マシンを利用したいと思っています。必要な仮想マシンは 1 台から 2 台で、負荷分散を含む複雑な起動条件はありませんが、起動時間を最小限に留めたいと考えています。どのサービスを利用するのが適切でしょう。最も適切と予想されるものを 1 つ選びなさい。

    A.   Azure Container Instances（ACI）

    B.   Azure Container Registry（ACR）

    C.   Azure Kubernetes Service（AKS）

    D.   Azure Virtual Machine Scale Sets（VMSS）

6 Azure で Web アプリを構成します。選択可能な属性として正しいものを 1 つ選びなさい。

    A.   OS の種類（Windows か Linux か）とバージョン

    B.   OS の種類（Windows か Linux か）とバージョン、および修正プログラムの種類

    C.   ミドルウェアの種類（Java か .NET かなど）とバージョン

    D.   ミドルウェアの種類（Java か .NET かなど）とバージョン、および修正プログラムの種類

7 サーバーレスコンピューティングを実現する Azure のサービスはどれですか。正しいものを 1 つ選びなさい。

    A.   Functions

第 **6** 章

Azure コンピューティング

B. Kubernetes

C. Virtual Machine

D. Virtual Machine Scale Sets

8 Azure Virtual Desktop で展開可能な OS として正しいものを 1 つ選びなさい。

A. Azure VM がサポートするすべての OS

B. Azure VM がサポートするすべての Windows

C. Windows 7 以降のすべてのクライアント OS

D. Windows 10 または Windows 11

9 オンプレミスで使っているアプリケーションを Azure にそのまま移行したいと思います。オンプレミスアプリケーションでは、独自のミドルウェアを必要とします。移行先のコンピューティングサービスとして適切である可能性が最も高いものを 1 つ選びなさい。

A. Azure Functions

B. Azure Virtual Machine Scale Sets（VMSS）

C. Azure Virtual Machine（Azure VM）

D. Azure App Service

10 Azure App Service を使ってアプリケーションを構築します。どの種類のアプリケーションが可能でしょう。正しいアプリケーションを最も多く含む選択肢を 1 つ選びなさい。

A. Web アプリケーション

B. Web アプリケーション、モバイルアプリ

C. Web アプリケーション、モバイルアプリ、API アプリ

D. Web アプリケーション、モバイルアプリ、API アプリ、データベースサーバー

解答

1 A

Azure VM は、Azure の管理ツールからサイズを変更することで垂直スケーリングが可能です。水平スケーリングを行うには、ロードバランサーなどの追加設定が必要です。

2 B

Azure VM を構成する場合は、以下のリソースも必要です。Azure ポータル（Azure 管理サイト）から自動構成することもできます。

・**Azure VM**…仮想マシン本体
・**ディスク**…システムディスクおよびデータディスク
・**ネットワークインターフェイス**…ネットワーク接続用のインターフェイス

そのほかに、仮想マシンのネットワーク接続先として、仮想ネットワークも必要です。ネットワークセキュリティグループは構成が推奨されますが、必須ではありません。

3 A

Azure VM は、ブロードキャストなど特別なネットワークサービスを除いて、ほとんどのサービスを構成できます。

4 B

Virtual Machine Scale Sets（VMSS）は、垂直および水平スケーリングの両方に対応します。水平スケーリングはロードバランサーと組み合わせる必要はありますが、スケーリングの条件などは VMSS 内で設定できます。

5 A

コンテナーは、軽量な仮想マシンで高速に起動するため、短時間だけの利用に適しています。ACI は Docker ベースのコンテナーサービスです。ACR は ACI の構成済みイメージを格納する場所です。AKS は複数

第**6**章 Azure コンピューティング

のコンテナーインスタンスを効率よく管理するための仕組みで、2台程度ではあまり有益ではありません。VMSSは仮想マシンを起動します。コンテナーに比べると仮想マシンの起動は低速です。

6 C

Webアプリでは、OSの種類（WindowsかLinuxか）と、ミドルウェアの種類（.NETかJavaかなど）およびミドルウェアのバージョンを選択できます。OSのバージョンや修正プログラムの種類は指定できません。

7 A

Functionsは、仮想マシンの存在を意識せず、使った分だけ支払うサーバーレスコンピューティング機能です。Virtual MachineやVirtual Machine Scale Setsは仮想マシンの存在を意識する必要があります。Kubernetesはコンテナーを利用するサービスです。コンテナーは軽量な仮想マシンであり、サーバーのCPU数やメモリ量などを意識する必要があります。

8 D

Azure Virtual Desktopは、クライアントOSとしてWindows 10またはWindows 11を展開できます。Windows 7のサポートは終了しました。

9 C

ミドルウェアのインストールが可能なAzureリソースはAzure VMとVMSSです。オンプレミスで使っているアプリケーションがVMSSの特徴である水平スケーリングを必要とする可能性は低いので、Azure VMが正解です。ただし、移行後に水平スケーリングの機能を追加する場合はVMSSが適切と考えられます。

10 C

Azure App Serviceは、Webベースのアプリケーションサービスを提供します。これには単純なWebアプリケーションのほか、モバイルアプリやAPIアプリを含みます。しかし、Web以外のサービス、たとえばデータベースサーバーなどは提供しません。

Azure
Fundamentals

第7章

Azureネットワーク
サービス

7-1 Azureネットワークサービス概要

Azureには、仮想マシン同士を接続したり、仮想マシンと仮想マシン以外のAzureリソースを接続するサービスが提供されています。これらを総称して「Azureネットワークサービス」と呼びます。

1 Azure仮想マシン間接続サービス

Azureが提供する基本的なネットワークサービスに**仮想ネットワーク(VNET)**があります。仮想ネットワークは仮想マシン同士の通信に利用され、仮想マシンを利用する場合に必須のサービスです。

また、仮想マシンをインターネットに公開するために必要な**パブリックIPアドレス**も提供します。そのほか、後述する「ネットワーク拡張サービス」や「Azureリソース間接続サービス」を構成する場合も仮想ネットワークが必要になります。

2 ネットワーク拡張サービス

Azureには、社内ネットワークとAzure仮想ネットワークを接続する**仮想ネットワークゲートウェイ**や、Azure仮想ネットワーク同士を接続する**ピアリング**などが利用できます。

また、インターネットに安全にサーバーを公開するための**ファイアウォール**も利用できます。

3 Azureリソース間接続サービス

第8章で説明するストレージサービスなど、Azureの多くのサービスはインターネットに公開されています。しかし、インターネットに公開せず、Azure内のみ、あるいは社内とAzureの間でのみ通信したい場合もあります。そのため、Azure上のサービス間の通信でインターネットを利用せず、Azure内だけに制

限する機能も提供されます。

本章では、こうしたネットワークサービスについて説明します。

[Azureネットワークサービス（一部）]

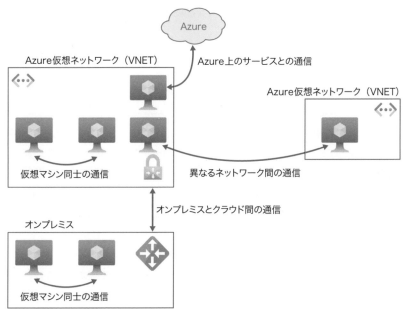

第7章 Azure ネットワークサービス

7-2 Azure Virtual Network （仮想ネットワーク：VNET）

> 「Azure Virtual Network（仮想ネットワーク）」は、仮想マシンやその他のAzureリソースを接続するネットワークとして使用できます。

1 仮想ネットワークとサブネット

　ネットワーク通信のための規約を**プロトコル**と呼びます。現在、最も広く利用されているプロトコルは **TCP/IP** で、インターネットでも使用されています。

　仮想ネットワーク（VNET）は、TCP/IP 通信の基本的な接続機能を提供し、**L3 スイッチ**と呼ばれる一種のネットワーク機器として動作します。最も基本的なネットワーク機器は **L2 スイッチ**と呼ばれます。L2 スイッチは単一のネットワークとみなされ、接続された機器同士は自由に通信ができます。これは、L2 ネットワーク内では直接通信を行うため、通信経路を変更することができないからです。

　一方、L3 スイッチは内部で複数の L2 ネットワークを構成できます。このとき、個々の L2 ネットワークを**サブネット**と呼びます。サブネット内の通信は制限されませんが、異なるサブネットの機器間で通信するには L3 スイッチで中継の設定を行う必要があります。Azure の仮想ネットワークは L3 スイッチとして動作しますが、既定で自由な通信を許可しているため、通常は制限を意識する必要はありません。ただし、構成を変更することで通信を制限したり、通信経路を変更したりできます。詳しくは後述します。

　仮想ネットワークの既定値は通信を制限しませんが、後述する**ネットワークセキュリティグループ（NSG）** などを使って、さまざまな制限を設定できます。

[L2スイッチとL3スイッチ]

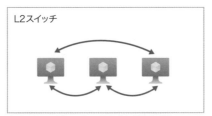

L2スイッチ

すべてのコンピューターは自由に通信可能
（通信制限はできない）

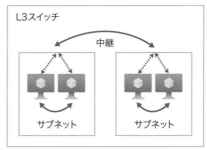

L3スイッチ

中継

サブネット　　　　サブネット

「サブネット」と呼ばれる領域に分割され、
サブネット間で中継や制限が可能
（仮想ネットワークは既定で無制限）

　同一仮想ネットワークに配置された仮想マシンは既定の構成では自由に通信
できます。ただし、異なる仮想ネットワークの仮想マシンと通信するためには、
後述するピアリングや VNET 間接続などのネットワーク拡張サービスを構成す
る必要があります。

試験対策

仮想ネットワークは独立したネットワークです。ピアリングや
VNET 間接続で、仮想ネットワーク同士を接続しない限り、別の仮
想ネットワークに展開された仮想マシン間では通信できません。

　仮想ネットワーク内の通信を、必要に応じて制限することもできます。通信
制限には以下の 2 つの機能を利用します。

・通信可能なプログラムやコンピューターの制御（フィルタリング）
・通信の中継経路の制御（ルーティング）

第7章　Azure ネットワークサービス

L2/L3 の L は「レイヤー（Layer）」の略で、ネットワーク通信規約の階層を意味します。機能別に階層を分けることで機能の拡張や変更が容易になっています。たとえば、現在ネットワーク層のプロトコル「IP（Internet Protocol）」は、従来の v4 から新バージョンの v6 への移行が徐々に始まっていますが、アプリケーションプログラムの変更は最小限で済みます。

ネットワーク通信階層にはさまざまな考え方がありますが、最も一般的なものが「OSI 参照モデル」で、通信機能を 7 つの階層に分けて考えます。各階層には次のような役割分担があります。

[OSI参照モデル]

	名称	主な役割	TCP/IP での対応 ※1	Azure での実装
L7	アプリケーション層	アプリケーション固有の動作	アプリケーション層	アプリケーション
L6	プレゼンテーション層	文字コードなどの規約		
L5	セッション層	通信の開始と終了の管理	アプリケーション層（通信の開始と終了）	Web アプリまたは仮想マシン
L4	トランスポート層	通信の信頼性を管理	トランスポート層（TCP や UDP）	TCP や UDP
L3	ネットワーク層	中継された通信を管理	インターネット層（IPv4 または IPv6）	VNET の設定
L2	データリンク層	直接通信を管理	ネットワークインターフェイス層（LAN 規格 ※2）	Azure 管理（データセンター内）
L1	物理層	ケーブルや電気信号の規約		

※1　OSI 参照モデルと TCP/IP 階層は考え方が違う部分があり、厳密には一致しない
※2　LAN は TCP/IP の規約には含まれないが、連携が考慮されている

2　サブネットの目的1：フィルタリング

　TCP/IP 通信を行う場合は、送信元プログラム（たとえば Web ブラウザー）と宛先プログラム（たとえば Web サーバー）のそれぞれに IP アドレスとポート番号が割り当てられます。一般に、サーバーには固定されたポート番号が利

用され、クライアントにはそのときに利用可能な空き番号がランダムに割り当てられます。たとえば、Web サーバーに対しては暗号化通信 HTTPS なら 443 番、非暗号化通信 HTTP なら 80 番のポートを使います。ここでセキュリティを強化するため、80 番と 443 番の着信だけを許可したい場合、Web サーバーが複数あれば設定も複数回必要になります。しかし、Web サーバーを 1 つのサブネットに配置すれば、そのサブネットに対して 80 番と 443 番の着信を一度許可するだけでサブネット内の全サーバーが自動的に保護されます。サーバーが増えても設定を追加する必要はありません。

そこで、Azure では IP アドレスとポート番号などを使用して、通信の可否を決定する機能を持っています。この機能を**ネットワークセキュリティグループ（NSG）**と呼び、サブネットまたは仮想マシンのネットワークインターフェイスに指定できます。

[NSGの割り当て]

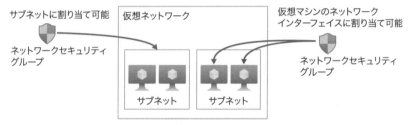

NSG は以下の 5 つをセットで指定します。これを **5 タプル（5-tuple）** と呼びます（タプルは「複数の要素で構成されたもの」の意味）。

[NSGで指定する5タプル]

送信元 IP アドレス	宛先 IP アドレス
プロトコル（TCP または UDP）	
送信元ポート番号	宛先ポート番号

ここでのプロトコルは、OSI 参照モデルの**トランスポート層**に相当するもので、TCP または UDP を意味します。どちらを使用するかはアプリケーションによって違います。たとえば Web で使用する HTTP/HTTPS は TCP を使用し、インターネットのホスト名を IP アドレスに変換する DNS は UDP を中心に使用します。

第7章　Azure ネットワークサービス

3 サブネットの目的2：ルーティング

　サブネットのもう 1 つの目的は、通信における中継経路の制限や変更を行うことです。中継規則のことを**ルート（route）**、ルートを使った中継を**ルーティング（routing）**と呼びます。

　既定のルートには、**システムルート**が設定されます。システムルートは、サブネット間が自動的に中継され、自由に通信できます。しかし、セキュリティ上の理由から、独自の中継用サーバーを利用したい場合があります。そのためには、以下の 2 つのリソースを作成します。

- **ネットワーク仮想アプライアンス（NVA）**…複数のネットワークカードを持った仮想マシンを作成し、サブネット間のルーティング機能とセキュリティフィルター機能を構成します。
- **ユーザー定義ルート（UDR）**…NVA のルーティング機能を使うため、システムルートよりも優先度の高いルートを定義します。システムルートを直接変更したり削除したりはできませんが、優先度の高い UDR を使うことで経路を変更できます。

　たとえば Azure Firewall は Azure が標準提供する NVA の一種で、インターネットと Azure との通信を監視し、許可されていない通信を遮断します。このとき、既定のルート（システムルート）ではサブネットの仮想マシンは Azure Firewall を通らずにインターネットと直接通信してしまいます。サブネットに UDR を設定することで、Azure Firewall が有効に機能します。

[セキュリティチェックを行うサーバーを構成]

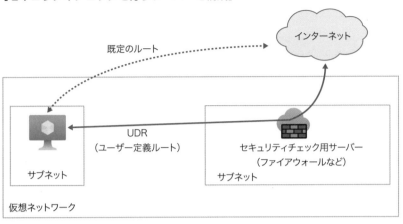

4　インターネット通信

　Azure の仮想マシン（Azure VM）にインターネット接続機能を提供するのも仮想ネットワークの役割です。Azure VM からインターネット接続を行うには、以下の4つの方法があります。

- **仮想マシンにパブリック IP アドレスを割り当てる（送受信可）**…構成は単純だが、仮想マシンとパブリック IP アドレスが1対1の関係になるので、水平スケーリングに対応しない
- **ロードバランサーを使って中継する（送受信可）**…1つのパブリック IP アドレスを複数のサーバーで共有するので水平スケーリングに対応するが、構成が複雑になる（ロードバランサーについては「7-3　ネットワーク拡張サービス」で説明します）
- **NAT ゲートウェイを使って中継する（インターネットへの送信のみ）**…インターネットへの送信のみを行う場合は最適な構成だが、パブリック IP アドレスの事前割り当てなどが必要
- **暗黙の NAT 機能を使って中継する（インターネットへの送信のみ）**…特別な設定は不要だが、セキュリティ上のリスクとなりやすい。また、廃止が決まっており、2025年9月30日以降に作成された Azure VM では使用できない

[Azure VMのインターネット通信]

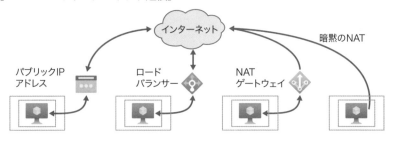

試験対策 Azure 仮想マシンをインターネットに公開するには、仮想マシンの
ネットワークインターフェイスにパブリック IP アドレスを割り当て
るか、ロードバランサーを構成します。

参考 NAT とは「ネットワークアドレス変換」の意味で、多くの場合、社
内ネットワークで利用するプライベート IP アドレスと、インター
ネットで利用するパブリック IP アドレスの変換機能を指します。
NAT ゲートウェイを使う場合、Azure 仮想マシンのプライベート IP
アドレスを NAT ゲートウェイに割り当てたパブリック IP アドレス
に変換することでインターネットにアクセスします。暗黙の NAT も
同様の機能を持ちますが、使用するパブリック IP アドレスは Azure
が適当に選ぶため、管理者が制御することはできません。

5　Azureリソース間接続サービス

　仮想ネットワークを通して、Azure のさまざまなリソース（たとえば第 8 章
で説明するストレージサービスなど）を利用することもできます。このとき、
Azure が提供する URL を**エンドポイント**と呼びます。エンドポイントの詳細は
「7-4　エンドポイント」で説明します。

6　ネットワーク拡張サービス

　仮想ネットワークをオンプレミスネットワークや、他の仮想ネットワークと
接続することができます。詳細は「7-3　ネットワーク拡張サービス」で説明し
ます。

7-3　ネットワーク拡張サービス

仮想ネットワーク内の通信は容易に行えますが、そのままでは異なる仮想ネットワーク間との通信や、オンプレミスとの通信を行うことはできません。これらを行うのがネットワーク拡張サービスです。

1　VPNゲートウェイ

　仮想ネットワーク単体には、オンプレミスと接続する機能はありません。インターネット経由で通信することは不可能ではありませんが、セキュリティ上のリスクや機能上の制約があります。

　Azure と社内ネットワークを結ぶためのサービスが **VPN ゲートウェイ**です。VPN ゲートウェイは、サイト間接続（Azure 仮想ネットワークとオンプレミスネットワークをインターネット経由で接続）や、VNET 間接続（Azure 仮想ネットワーク間を、Azure 内部ネットワーク経由で接続）を提供します。サイト間や VNET 間の通信は、いずれも暗号化されます。

　仮想ネットワークとオンプレミスのネットワークを接続する場合には、仮想ネットワークにゲートウェイ専用サブネット（**ゲートウェイサブネット**）を作成し、VPN ゲートウェイを追加します。ゲートウェイサブネットがVPN ゲートウェイの設置場所であり、VPN ゲートウェイが中継装置に相当します。また、接続先のオンプレミスネットワークにも VPN デバイスが必要となります。

　ゲートウェイサブネットが必要なのは、Azure が特別なセキュリティ設定を自動的に行うためだと推測されます。一般に、サブネットは通信を制限し、セキュリティを強化するために使えます。ゲートウェイサブネットも同様です。

　ゲートウェイサブネットを含め、サブネットの作成は無償ですが、VPN ゲートウェイは 1 時間単位で課金されます。

[VPNゲートウェイ（サイト間接続）]

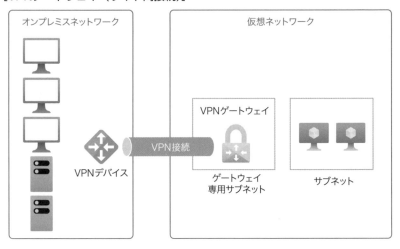

[VPNゲートウェイ（VNET間接続）]

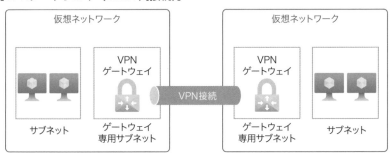

試験対策

オンプレミスのクライアントから仮想ネットワークにプライベートネットワークとして接続するには、仮想ネットワークにゲートウェイサブネット（設置場所）と仮想ネットワークゲートウェイ（中継装置）が必要です。仮想ネットワークゲートウェイには、VPN ゲートウェイと ExpressRoute があります。

　VPN ゲートウェイは複数のハードウェアで冗長化されていますが、障害からの回復性を最大限に高めるために、ゾーン冗長の有無と、スタンバイオプション（アクティブ / スタンバイまたはアクティブ / アクティブ）を利用できます。

● ゾーン冗長ゲートウェイ

　1つのVPNゲートウェイは、物理的に2台のサーバーで構成されます。既定では、可用性セットに相当する配置が行われ、どのような単一ハードウェア障害があっても完全に停止することはありません。ただし、可用性セットはデータセンター障害には対応できません。

　VPNゲートウェイを作成するときに**ゾーン冗長**を選択すると、VPNゲートウェイが2つの可用性ゾーンに分散配置されるので、データセンター障害に対応できます。これを**ゾーン冗長ゲートウェイ**と呼びます。

● アクティブ/スタンバイ

　VPNゲートウェイの最小構成は**アクティブ / スタンバイ**と呼ばれ、予備サーバーが停止状態で待機しています。これを**コールドスタンバイ**と呼びます。主サーバーが停止した場合は、予備サーバーに自動的に切り替わります。切り替えにかかる時間は計画的な保守の場合で数秒以内、計画外の中断の場合は90秒以内です。

[VPNゲートウェイのアクティブ/スタンバイ]

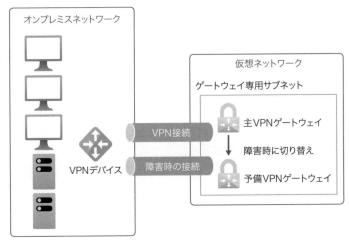

● アクティブ/アクティブ

　2台のVPNゲートウェイを常に同時に稼働させることで、可用性を高めることができます。これを**アクティブ / アクティブ**と呼びます。最大の可用性を確

第7章 Azureネットワークサービス

保するには、オンプレミス側の VPN デバイスも 2 台用意して、2 台×2 台を相互に接続します。これにより、Azure 側の障害だけでなく、オンプレミス側の VPN デバイスの障害にも対応できます。

アクティブ / アクティブ構成は、障害が発生した VPN ゲートウェイを使わないような経路（ルート）を更新するために **BGP（Border Gateway Protocol）** を有効にする必要があります。また、オンプレミス側のルーターも BGP に対応している必要があります。BGP は TCP/IP の中継経路を自動構成するための機能です。

[VPNゲートウェイのアクティブ/アクティブ]

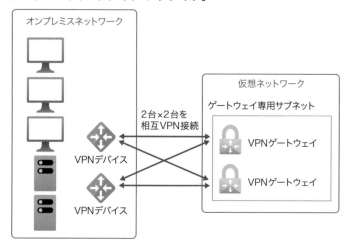

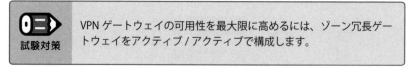

試験対策　VPN ゲートウェイの可用性を最大限に高めるには、ゾーン冗長ゲートウェイをアクティブ / アクティブで構成します。

2　ExpressRoute

VPN ゲートウェイを使うことで、社内ネットワークと Azure を結ぶことができました。しかし、VPN ゲートウェイはインターネット回線を使うため、速度や安定性についての課題が残ります。特に問題になるのが、ネットワークの遅延

時間です。インターネットは多くのネットワーク提供者が相互接続することで実現されているため、それだけ中継段数が増えてしまいます。中継段数が増えると、遅延（信号伝達時間）が大きくなり、スムーズな通信ができなくなります。

　この問題を解決するのが**ExpressRoute**です。ExpressRouteは、特定の通信回線業者の閉域ネットワークを使用して、オンプレミスネットワークとAzureを含むマイクロソフトクラウドを接続するためのサービスです。

　ExpressRouteは、Azureデータセンターだけでなく、Microsoft 365やDynamics 365などのマイクロソフトクラウドサービスとの接続も可能です。インターネットを経由しないため、高速で、遅延の小さい、安全な通信を実現できます。具体的には、ExpressRouteは最大10 Gbpsの帯域幅での接続が提供されます。

[ExpressRoute]

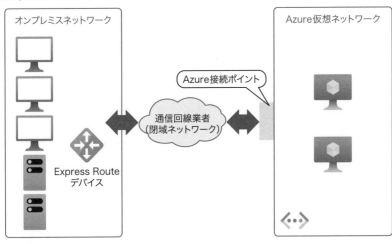

　ExpressRouteは、マイクロソフトパートナーであるネットワークサービスプロバイダーの協力で提供されるサービスとなるため、ネットワークサービスプロバイダーとの契約も必要になります。もちろん料金はAzureと別にかかります。

　ExpressRouteのAzure側の課金モデルには、月額固定料金に基づいて課金される**データ無制限モデル**と、月額料金と1 GBごとのデータ転送料金に基づき課金される**データ従量課金モデル**があります。データ従量課金モデルの通信料は、仮想ネットワークゲートウェイよりもずっと安価ですが、基本最低料金が設定されているため、まったく使わない場合でも一定額の課金があるので注意してください。

ExpressRoute は冗長化されていますが、接続先の場所全体に障害が起こった場合は停止する可能性があります。一方 VPN ゲートウェイは、インターネット接続さえ確保できれば接続を維持することができます。そのため、主回線として ExpressRoute を使用し、バックアップ回線として VPN ゲートウェイを構成することがあります。

試験対策　社内ネットワークと Azure を接続する場合、VPN ゲートウェイは完全従量課金となります。ExpressRoute は、最低料金付きの従量課金である「データ従量課金モデル」または完全固定料金である「データ無制限モデル」が選択できます。

参考　Azure のサービスにおいて「仮想ネットワークゲートウェイ」は、「VPN ゲートウェイ」と「ExpressRoute」の総称です。ただし、一般には「VPN ゲートウェイ」に「ExpressRoute」を含める（つまり「仮想ネットワークゲートウェイ」の意味で「VPN ゲートウェイ」を使う）場合もあるので、注意してください。

| **3** | 仮想ネットワークピアリング（VNETピアリング） |

仮想ネットワークピアリング（VNET ピアリング）は、2 つの仮想ネットワーク（VNET）を、VPN ゲートウェイを使わずに直接接続する方法です。VNET ピアリングを使うことで、2 つの仮想ネットワークを接続し、相互に通信することができます。

VNET ピアリングは、同一リージョンでも異なるリージョンでも構成できます。異なるリージョンを接続する場合を**グローバルピアリング**と呼びます。

［VNETピアリング］

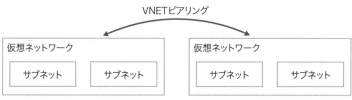

VNETピアリングには、VNET以外のリソースは不要。
ピアリングされた双方のVNETの全サブネットが自動的にルーティングされる。

　VPN ゲートウェイを使った VNET 間接続でも同様の通信が可能ですが、以下の点で違いがあります。

・ピアリングは VPN ゲートウェイが不要（VPN ゲートウェイの料金が不要）
・ピアリングは送受信ともに課金対象（同一リージョンの VNET 間接続は通信量の課金なし）
・ピアリングには速度制限がない（VPN ゲートウェイは SKU ごとに速度が設定）
・ピアリングにはルーティング機能がない（2 拠点間の接続のみを想定している）

［VNET間接続とピアリングの違い］

	VNET 間接続	ピアリング
VPN ゲートウェイ	要	不要
通信データ課金	リージョン内は不要 リージョン間は送信のみ課金	送受信ともに課金
速度制限	VPN ゲートウェイの SKU で制限	なし
ルーティング	可能	考慮していない

4　ロードバランサー

　クラウドでは水平スケーリングが重視されます。そのため、多数のサーバーが連携して動作する機能が必要です。水平スケーリングを実現するための機能はいくつかありますが、最も基本的なサービスが **Azure Load Balancer** です。

　Azure Load Balancer は、TCP および UDP アプリケーションへの高可用性および負荷分散を実現します。たとえば Web アクセス（HTTP または HTTPS のプロトコル）を許可したり、リモートデスクトップ接続（RDP：リモートデスクトッププロトコル）を許可したりできます。

　正確にいうと、Azure Load Balancer は **L4 負荷分散装置**です。L4（レイヤー4）とは、TCP/IP ネットワークの場合、TCP または UDP といった転送プロトコルとポート番号を意味します。たとえば HTTP は「TCP を使った 80 番ポート」、RDP は「TCP を使った 3389 番ポート」のように、アプリケーションごとにルー

ルが決まっています。

　Azure Load Balancer は、外部（インターネット）からの要求を受け負荷分散するパブリックロードバランサーと、仮想ネットワーク内の要求を負荷分散する内部ロードバランサーのいずれかを選んで構成することができます。

　Azure Load Balancer は、前述の Virtual Machine Scale Sets でも使用できます。

[Azure Load Balancer]

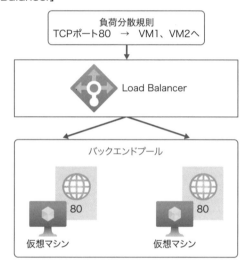

Azure Load Balancer には Standard と Basic の 2 種類があります。Basic は無料ですが、機能に制限があります。また、Basic は 2025 年 9 月 30 日に廃止されます。Basic について改めて学習する必要はないでしょう。

7-4 エンドポイント

Azureが提供するPaaSリソースのアクセス先URLを「エンドポイント」と呼びます。エンドポイントは3種類あり、用途によって使い分けます。

1 パブリックエンドポイント

インターネットに公開されたエンドポイントが**パブリックエンドポイント**です。パブリックエンドポイントは、不特定多数のクライアントから利用可能なので、必要に応じて適切な認証を行い、不要なアクセスは制限する必要があります。パブリックエンドポイントは、インターネットからのみアクセス可能です。そのため、社内ネットワークやAzure仮想ネットワークなど、プライベートネットワークから利用する場合は、アドレス変換を行う必要があります。仮想ネットワークからのインターネットアクセスについては「7-2 Azure Virtual Network（仮想ネットワーク：VNET）」の「4 インターネット通信」を参照してください。

パブリックエンドポイントは、不特定多数のクライアントに公開したい場合は便利ですが、外部からの攻撃にさらされるので、セキュリティ対策は特に重要です。

試験対策 パブリックエンドポイントはインターネット上に公開され、不特定多数のクライアントから利用可能です。

2 サービスエンドポイント

Azure仮想ネットワークから直接接続できるエンドポイントが**サービスエンドポイント**です。サービスエンドポイントは以下の2つの設定が必要です。

第7章 Azureネットワークサービス

・Azure 仮想ネットワークのサブネットに、Azure サービスに対する許可を与える
・Azure サービスに、Azure 仮想ネットワークのサブネットからのアクセスを許可する

　サービスエンドポイントの設定を行うと、仮想マシンのプライベート IP アドレスから Azure サービスのパブリック IP アドレスに対してアクセスできます。インターネットは使用しないので、不特定多数に公開できない反面、セキュリティは強化されます。

　サービスエンドポイントは Azure 仮想ネットワークからのみアクセスできるので、その仮想ネットワークに配置された Azure 仮想マシンからのみ利用できます。VPN 接続などを使って社内ネットワークから利用することはできません。

試験対策 サービスエンドポイントは Azure 仮想ネットワークからのみ利用可能です。

3　プライベートエンドポイント

　Azure リソースのエンドポイントを、Azure 仮想ネットワークに引き込んでプライベート IP アドレスを割り当てるのが**プライベートエンドポイント**です。

　プライベートエンドポイントを設定するには、Azure リソースをどの仮想ネットワークのどのサブネットに展開するかを指定する必要があります。プライベートエンドポイントは、仮想ネットワーク上のプライベート IP アドレスが割り当てられるため、VPN 接続などを使って社内から利用することも可能です。

試験対策 プライベートエンドポイントは Azure 仮想ネットワークと VPN 接続された社内ネットワークの両方から利用可能です。社内ネットワークからプライベート IP アドレスでアクセスできるのはプライベートエンドポイントだけです。

4　エンドポイントのまとめ

３つのエンドポイントのアクセス経路と主な違いは以下のとおりです。

［エンドポイントの使い方］

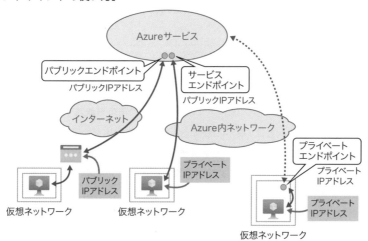

［エンドポイントのまとめ］

エンドポイント	送信元（クライアント）IP アドレス	宛先(Azure リソース) IP アドレス	主な用途
パブリック	パブリック IP	パブリック IP	不特定多数に公開
サービス	プライベート IP	パブリック IP	Azure VM に公開
プライベート	プライベート IP	プライベート IP	Azure VM や社内ネットワークに公開

これらは以下のように使い分けてください。

・**パブリックエンドポイント**…不特定多数に公開したい場合
・**サービスエンドポイント**…Azure 仮想マシンからのみ利用したい場合
・**プライベートエンドポイント**…Azure 仮想マシンと社内ネットワークの両方から利用したい場合

第7章　Azure ネットワークサービス

DNSゾーンサービス

DNSは、インターネット上でホスト名からIPアドレスを照会する
サービスです。AzureにはDNSを提供するサービスとして、パブ
リックDNSゾーンと、プライベートDNSゾーンがあります。

1 パブリックDNSゾーン

パブリック DNS ゾーンには、インターネットで利用可能なドメイン情報を登
録します。「ゾーン」とは DNS に登録する情報の集合体で、多くの場合 DNS ド
メインごとに作成されます。DNS ドメインは Azure から購入することもできま
すし、他のレジストラ（ドメイン登録事業者）から購入することも可能です。

Azure のパブリック DNS ゾーンは、Azure 内に展開された世界中の DNS サー
バーで構成され、冗長化されています。DNS 情報の照会（クエリ）は照会元か
ら最も近い DNS サーバーが自動的に応答します。

仮想マシンにパブリック IP アドレスを割り当てて、DNS サーバーの役割を追
加して DNS ゾーンを作ることも可能ですが、仮想マシンの利用コストと管理コ
ストがかかります。また可用性を含むセキュリティリスクを考えると、パブリッ
ク DNS ゾーンを利用したほうが安価で安全です。

［パブリックDNSゾーン］

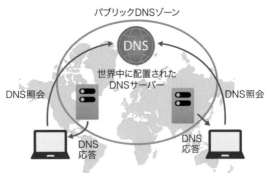

DNS照会に対して、最も近いDNSサーバーが応答

2	プライベートDNSゾーン

　プライベート DNS ゾーンは Azure 仮想ネットワークからのみ利用可能な
DNS ゾーンです。インターネットからは利用できず、任意のドメイン名を自由
に構成できます。

　仮想マシンを展開し、DNS サーバーの役割を追加して DNS ゾーンを作ること
も可能ですが、仮想マシンの利用コストと管理コストがかかります。プライベー
ト DNS ゾーンのほうが簡単に構成でき、管理コストも最小限に抑えられます。

試験対策　　プライベート DNS ゾーンは、Azure 仮想ネットワークからのみ利用
可能で、任意のドメイン名を自由に構成できます。

第**7**章

Azure ネットワークサービス

1 Azure の 1 つのサブスクリプションに 2 つの仮想ネットワークがあり、各仮想ネットワークに仮想マシンが 1 台ずつあります。2 台の仮想マシンが通信するために必要な作業として、最も簡単で高速な方法を 1 つ選びなさい。

    A. VPN ゲートウェイを作成し、VNET 間接続を構成する

    B. 仮想ネットワークピアリングを構成する

    C. 特別な構成は不要

    D. ネットワークセキュリティグループを構成し、仮想ネットワーク間の通信を許可する

2 Azure の仮想ネットワークに Web サーバーを展開しました。Web サーバーは HTTP（TCP ポート番号 80）と HTTPS（TCP ポート番号 443）を使います。Web サーバーに必要な通信のみを許可するには Azure のどのリソースを使いますか。最も簡単で安価なものを 1 つ選びなさい。

    A. Azure Load Balancer

    B. ネットワーク仮想アプライアンス（NVA）

    C. ネットワークセキュリティグループ（NSG）

    D. ユーザー定義ルート（UDR）

3 Azure 仮想ネットワークを構成し、セキュリティ検査を行う特別な仮想マシン（ネットワーク仮想アプライアンス：NVA）を作成しました。すべてのネットワーク情報が NVA を通過するようにするためには何が必要ですか。適切なものを 1 つ選びなさい。

    A.　VPN ゲートウェイ

    B.　追加のネットワーク仮想アプライアンス（NVA）

    C.　ネットワークセキュリティグループ（NSG）

    D.　ユーザー定義ルート（UDR）

4 インターネットに Web サイトを公開するため、Azure 仮想マシンを展開し、Web サーバーとして構成しました。この仮想マシンにインターネットから接続するためには何が必要ですか。適切なものを 2 つ選びなさい。選択肢はそれぞれが独立した解決策です。

    A.　仮想マシンのネットワークインターフェイスに、パブリック IP アドレスを割り当てる

    B.　Azure Load Balancer を構成する

    C.　NAT ゲートウェイを構成する

    D.　特別な作業は必要ない

5 Azure に仮想ネットワークを作成し、仮想マシンを追加しました。オンプレミスのクライアントコンピューターからプライベートネットワーク経由で Azure の仮想マシンに接続できるようにするために、Azure には何を作成しますか。必要なものを 2 つ選びなさい。

    A.　サブネット

    B.　ゲートウェイサブネット

    C.　ロードバランサー

    D.　仮想ネットワークゲートウェイ

第 **7** 章　Azure ネットワークサービス

6 オンプレミス環境から、Azure 仮想ネットワークにある仮想マシンを利用したい。Azure に必要なリソースを 1 つ選びなさい。ただし、費用よりもネットワークの速度と安定性を重視します。

    A.   ExpressRoute

    B.   VPN ゲートウェイ

    C.   仮想ネットワークピアリング

    D.   サービスエンドポイント

7 Azure の VPN ゲートウェイを構成するとき、最大の可用性を実現できる方法を 1 つ選びなさい。

    A.   アクティブ / アクティブ構成

    B.   アクティブ / アクティブ構成 + ゾーン冗長ゲートウェイ

    C.   アクティブ / スタンバイ構成

    D.   アクティブ / スタンバイ構成 + ゾーン冗長ゲートウェイ

8 Azure が提供する PaaS サービスを社員に提供したい。すべての社員は自宅やモバイル PC からアクセスする可能性があります。どのエンドポイントを利用するのが適切でしょう。1 つ選びなさい。

    A.   サービスエンドポイント

    B.   パブリックエンドポイント

    C.   プライベートエンドポイント

    D.   サービスエンドポイントまたはパブリックエンドポイント

9 Azure が提供する PaaS サービスを社内サーバーから利用したい。社内ネットワークは VPN ゲートウェイを通して Azure 仮想ネットワークと接続されています。セキュリティ面を考慮して、社内サーバーはインターネットと接続されていません。どのエンドポイントを利用するのが適切でしょう。1 つ選びなさい。

    A.   サービスエンドポイント

    B.   パブリックエンドポイント

    C.   プライベートエンドポイント

    D.   サービスエンドポイントまたはプライベートエンドポイント

10 Azure 仮想ネットワーク上に複数のサーバーが配置されています。仮想マシン間で名前解決をするために DNS ゾーンが必要になりました。どのように構成するのが適切でしょう。最も管理コストが抑えられるものを 1 つ選びなさい。

    A.   仮想マシンを追加して DNS ゾーンを構成する

    B.   パブリック DNS ゾーンを構成する

    C.   プライベート DNS ゾーンを構成する

    D.   パブリック DNS ゾーンまたはプライベート DNS ゾーンを構成する

第 **7** 章

Azure ネットワークサービス

1 **B**

異なる仮想ネットワーク間で通信を行うには仮想ネットワークピアリングを構成します。VNET 間接続でも可能ですが、ピアリングに比べると手間がかかり速度も制限されます。

2 **C**

TCP/IP のポート番号を使って通信を制御するには、ネットワークセキュリティグループ（NSG）を使います。NSG は料金がかかりません。Azure Load Balancer で制御することもできますが、手間と費用がかかります（Standard の場合）。また、ネットワーク仮想アプライアンス（NVA）とユーザー定義ルート（UDR）を組み合わせて制御することもできますが、Azure Load Balancer 以上の手間と費用がかかります。

3 **D**

ネットワーク仮想アプライアンス（NVA）を使う場合、ユーザー定義ルート（UDR）を使って通信経路を変更する必要があります。NVA は 2 台以上で冗長構成することが推奨されますが、必須ではありません。

4 **A、B**

仮想マシンをインターネットに公開するには、仮想マシンのネットワークインターフェイスにパブリック IP アドレスを割り当てるか、ロードバランサーを構成します。NAT ゲートウェイはインターネットへの発信のみで、着信はできません。

5 **B、D**

オンプレミスのネットワークと Azure の仮想ネットワークを接続するには仮想ネットワークゲートウェイを利用します。仮想ネットワークゲートウェイを構成するには、ゲートウェイサブネットと呼ばれる特別なサブネットが必要です。ロードバランサーは無関係です。

6 **A**

社内ネットワークと Azure 仮想ネットワークを接続するには、VPN ゲートウェイと ExpressRoute が使えます。VPN ゲートウェイのほうが安価ですが、インターネット回線を使うため安定性に課題があります。ExpressRoute はネットワークサービスプロバイダーの閉域ネットワークを使って Azure に接続するため、費用がかかりますが高速な接続を安定して提供します。仮想ネットワークピアリングはオンプレミスとの接続はできません。サービスエンドポイントはオンプレミス環境から利用できませんし、仮想マシンには存在しません。

7 **B**

アクティブ / アクティブ構成にすることで、Azure のデータセンター障害に対応できるほか、オンプレミスの VPN デバイスの障害にも対応できます。アクティブ / スタンバイ構成では、障害発生時の切り替えに最大 90 秒程度かかるので、可用性が低下します。また、選択肢には含まれませんがゾーン冗長ゲートウェイを指定することで、VPN ゲートウェイが複数の可用性ゾーンに分散配置されるので可用性が向上します。

8 **B**

インターネットから自由にアクセスできるのはパブリックエンドポイントだけです。サービスエンドポイントは Azure 仮想ネットワークからのみアクセスできます。プライベートエンドポイントは、Azure 仮想ネットワークを経由して利用する機能です。

9 **C**

社内サーバーからインターネットを使わずにアクセスできるのはプライベートエンドポイントだけです。サービスエンドポイントは Azure 仮想ネットワークからのみアクセスできます。パブリックエンドポイントはインターネット接続が必要です。

仮想マシン間の通信には、仮想マシンのプライベート IP アドレスが利用されます。そのため、Azure 仮想ネットワーク内だけで利用する DNS ゾーンは、プライベート IP アドレスを登録するプライベート DNS ゾーンが適切です。パブリック DNS ゾーンにプライベート IP アドレスを登録することは適切ではありません。仮想マシンに DNS ゾーンを構成するのは仮想マシンの利用コストと管理コストが増えます。

Azure

Fundamentals

第8章

Azureストレージ
サービス

ストレージの種類

ここまでコンピューティングサービスとネットワークサービスについて説明してきましたが、サーバーを利用するには、もう1つ大事な要素があります。それはストレージ（記憶領域）を提供するAzure Storageサービスです。Azureが提供するストレージサービスは、大きく「ストレージアカウント」と「ディスク」の2種類に分けられます。

1　ストレージアカウント

　Azure で、データ保存機能を提供するサービスが**ストレージアカウント**です。ストレージアカウントには多くの種類があり、それぞれ利用できる機能が違います。中でも、**BLOB**、**Files**、**Queue**、**Table** という4つのストレージサービスをセットで利用できるストレージアカウントを**汎用ストレージアカウント**と呼びます。いずれも実際に保存したデータ量に基づき GB 単位で課金されます。

● BLOB（コンテナー）

　アプリケーションからファイルを保存したり取り出したりするのに便利なのが **BLOB** です。厳密には「BLOB」は単一のファイルのことなので、複数の BLOB を保存する領域という意味で **BLOB ストレージ**とも呼びます。また、BLOB を提供するサービスなので「BLOB サービス」とも呼びます。BLOB ストレージは Web ベースのプロトコル (HTTP/HTTPS) を使ってアクセスするため、既存の Windows ファイル共有との互換性はありません。しかし、多くの機能を持ち、安価に利用できるので、クラウドベースのアプリケーションでは広く利用されています。

　BLOB ストレージにファイルを保存するには、コンテナー（一種のフォルダー）を作成する必要があります。コンテナーは BLOB ストレージにのみ存在するため、BLOB ストレージは**コンテナーストレージ**とも呼ばれます。階層構造はありません（強いていえば 1 階層です）。コンテナーには認証を必要とせず URL がわかれば誰でも利用できる**匿名アクセスレベル**と、認証が必要なアクセスレベルが

あります。

　BLOB ストレージでは、単純なファイルを保存するための領域が利用できます。**BLOB（Binary Large Object）**は、バイナリオブジェクトとして扱うデータの形式で、順次アクセスに最適な**ブロック BLOB**、ランダムアクセスに最適な**ページ BLOB**、追加のみが可能な**追加 BLOB** を利用できます。

　追加 BLOB は改ざんができないため、各種プログラムのログを保存する場合などに使います。ページ BLOB は、仮想マシン用の仮想ディスクファイル（VHDファイル形式）のために利用します。これを**アンマネージドディスク**と呼びます。ページ BLOB はアンマネージドディスク以外に利用するケースはあまり多くありません。アンマネージドディスクを利用する仮想マシンは旧形式で、現在は後述する**マネージドディスク**を使用します。1 台の仮想マシンにマネージドディスクとアンマネージドディスクを混在させることはできません。アンマネージドディスクは、2025 年 9 月 30 日で廃止されることが決まっているため、今から覚える必要はないでしょう。

● Files

　専用のアプリケーションを作成したくない場合は、**Files** を利用して、単なるファイルサーバーのような使い方ができます。ストレージアカウントの一部であることを強調するため **File ストレージ**と呼ぶこともあります。

　File ストレージは Windows 8/Windows Server 2012 以降の標準ファイル共有プロトコル「SMB（Server Message Block）3.0」を使用するため、Windowsにネットワークドライブとして追加できます。SMB 3.0 はファイル転送の暗号化機能を備えているため、インターネット上でも安全に利用できます。また、macOS や Linux からは、SMB を指定して接続（マウント）することで、外部ディスクとして利用できます。主に管理目的で、HTTP を使ったアクセスも可能です。

　仮想マシンを使ってファイルサーバーを構築した場合、仮想マシンだけで月額 1 万円以上もかかってしまいますが、File ストレージを使えば 1 GB あたり数円から数十円で済みます。

● Queue

　キューは、アプリケーション間で非同期型の通信を実現するためのメッセージを格納する機能です。たとえば異なる組織のサーバー間で通信する場合、相手が動作している保証がありません。キューを使うと、相手が停止しているときでもキュー内にデータが保存され、確実にデータの送受信ができるようにア

プリケーションを構成することができます。ストレージアカウントの **Queue** はキュー機能を提供するサービスです。本書では扱いませんが、キュー機能を持つサービスとして Queue のほかに**サービスバス**があります。サービスバスが提供するキュー機能ではなくストレージアカウントの Queue であることを強調するため **Queue ストレージ**と呼ぶこともあります。

● Table

Table には簡易的なデータベースとしてテーブル形式でデータを格納できます。Table にはリレーショナルデータベース（RDB）は含まれないため、Table に作成されるテーブルにリレーショナル形式のデータを格納することはできません。Table を使う場合、アプリケーションプログラムを作成する必要があります。本書では扱いませんが、Azure には Table と同じ形式が可能な **Azure Cosmos DB** も存在します。Cosmos DB ではなくストレージアカウントの Table であることを明示するため **Table ストレージ**と呼ぶこともあります。

---

2 ストレージアカウントのタイプ

ストレージアカウントにはハードディスク性能を持つ **Standard** と、SSD 性能を持つ **Premium** の 2 つのタイプがあります。Standard と Premium は作成時にのみ指定でき、あとから変換することはできません。

Standard タイプのストレージアカウントは BLOB、Files、Queue、Table の 4 つの機能をすべて利用できます。一般的な利用には十分な性能を持っています。

[汎用ストレージアカウント]

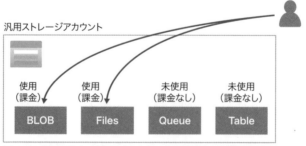

Standard汎用ストレージアカウントは、1つのストレージアカウントで最大4つの機能を利用可能（使用しない機能には課金されない）

第8章 Azure ストレージサービス

特に高速なアクセスが必要な場合は、Premium タイプの専用ストレージアカウントが利用できます。ただし、以下のとおり BLOB と Files に対してのみ提供されます（括弧内は管理ツールの表示）。

・ ブロック BLOB（BlockBlobStorage）…ブロック BLOB と追加 BLOB
・ ページ BLOB（汎用ストレージ）…ページ BLOB のみ
・ ファイル共有（FileStorage）…ファイル共有のみ

管理ツールではページ BLOB は「汎用ストレージアカウント」と表示されますが、実際にはページ BLOB 専用です。Files や Queue、Table を使うことはできません。

試験対策

BLOB は単純なファイル保存に適しています。Web ベースのプロトコルを使ってアクセスするため、既存の Windows アプリケーションとの互換性はありません。

試験対策

Windows Server にネットワークドライブを追加する場合には、File ストレージ内のファイル共有を使用できます。Linux から使用する場合は SMB を使うことを指定します。

コラム

ストレージアカウントの「アカウント」は銀行口座（Bank Account）の「アカウント」と同じ意味です。たとえば、現在個人で銀行口座を開設すると、ほとんどの場合は「総合口座」を作ることになるでしょう。総合口座には、普通預金が利用できるほか、オプションで定期預金や自動融資機能がついてきます。同様に、汎用ストレージアカウントを開設すると、BLOB、Files、Queue、Table が自動的に利用できるようになります。

　仮想マシンが利用するディスク装置は**マネージドディスク（管理ディスク）**サービスとして割り当てられます。単に**ディスク**といった場合、通常はマネージドディスクを指します。

　ディスクは仮想マシンのシステムディスク（Windows の場合は C ドライブ）およびデータディスクとしてのみ利用できます。仮想マシン以外から使うことはできません。管理者はディスクを作成したり削除したりできますが、内容を読み書きするにはディスクを仮想マシンに接続し、仮想マシンからアクセスする必要があります。

[ディスク]

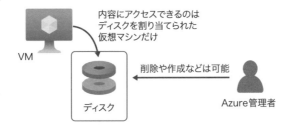

VM

内容にアクセスできるのは
ディスクを割り当てられた
仮想マシンだけ

削除や作成などは可能

ディスク

Azure管理者

　ディスクは作成時に GB 単位で容量を指定します。ただし、課金は 64 GB、128 GB、256 GB といった単位で行われ、端数は切り上げられます。そのため、129 GB のディスクを作成すると 128 GB の次の単位である 256 GB 分の課金が行われます。また、作成後にサイズを増やすことはできますが、減らすことはできません。

試験対策

Azure 仮想マシンのシステムディスク（Windows の場合は C ドライブ）およびデータディスクはマネージドディスク（ディスク）を使用します。

4 マネージドディスクのタイプ

ストレージアカウントには Standard と Premium の 2 種類のタイプしかありませんが、ディスクには以下の 4 つのタイプがあります。

- **Standard HDD**…ハードディスクタイプのストレージで、標準的な性能を持つ
- **Standard SSD**…SSD タイプのストレージで、高速なアクセス性能を持つ
- **Premium SSD**…SSD タイプのストレージで、高速なアクセス性能と転送速度を持つ
- **Ultra Disk**…最高レベルの性能を持つが、システムディスクとしては利用できない（データディスクとしてのみ利用可能）

ストレージアカウントと異なり、ディスクは Standard HDD/Standard SSD/Premium SSD の間で相互変換が可能です。ただし、Ultra Disk は他の形式に変換することも他の形式から変換することもできません。

Standard HDD と Standard SSD は、IOPS（1 秒間に何回操作できるか）や転送速度の差はほとんどありませんが、遅延（データアクセスを要求してから実際に結果が得られるまでの時間）に差があります。もちろん Standard SSD のほうが高速です。そのため、安定した利用には Standard SSD のほうが適しています。Premium SSD は、転送速度が高く遅延は小さいものの、IOPS は容量によって大きく変化します。128 GB では Standard HDD や Standard SSD と同じ IOPS ですが、それを下回るとかえって遅くなり、上回ると性能が上がります。実際には Premium SSD には一時的に性能を上げる「バースト」機能があり、小容量でも最大 3,500 IOPS の性能を持ちます。常に低速なわけではありません。

試験対策

ディスクのタイプには Standard HDD/Standard SSD/Premium SSD および Ultra Disk があります。128GB 以上で最も高速なタイプは Premium SSD です。Ultra Disk はシステムディスクには使用できません。

8-2 ストレージのアクセス層

AzureのStandardストレージアカウントのうち、BLOBとFilesにはアクセス頻度を基準とした階層（tier）があります。これを「アクセス層」または「ストレージ層」と呼びます。BLOBとFilesのアクセス層は、若干の違いがあります。なお、Premiumストレージにはアクセス層はありません。

1 BLOBのアクセス層

BLOBには、アクセス頻度に応じてコストを最適化するための機能が備わっています。これを**アクセス層（Access tier）** または**ストレージ層（Storage tier）** と呼びます。

一般にファイルは以下のような性質を持っています。

- ・最近作成されたファイルは頻繁にアクセスされる上、すぐに削除されることも多い
- ・古いファイルはほとんどアクセスされず、長期保存されることが多い

こうした性質を考慮して、新しいファイルに適した「データ保存料金は割高だがアクセス料金は安価な層」と「データ保存料金は安価だがアクセス料金が割高な層」を利用できます。

BLOBのアクセス層は以下の4種類です。いずれもファイル単位で設定できます。

- ・**ホット**…頻繁にアクセスするデータや新規作成されたデータに最適
  データ保存料金は割高ですが、アクセス料金は安価に設定されているため、頻繁にアクセスする場合に有利です。最もよく使うアクセス層です。
- ・**クール**…アクセスする頻度がそれほど高くないデータに最適
  データ保存料金は安価ですが、アクセス料金は高額に設定されているため、

頻繁にアクセスする場合はかえって割高になります。また、最低保持期間が 30 日に設定されており、30 日に満たない期間で削除した場合は追加課金があります。

・**コールド**…データ保存料金はクールよりも安価で、アクセス料金はクールよりも高額、最低保持期間は 90 日
・**アーカイブ**…アクセスがほとんどないデータに最適
　データ保存料金は極めて安価ですが、180 日に満たない期間で削除した場合は追加課金があります。また、後述するようにアーカイブ層のデータには直接アクセスすることはできません。

　ホット、クール、コールドは、料金に差があるものの、いずれもオンラインでアクセス可能です。これら 3 つの層に対して速度差はありません。ただし、アーカイブはオフラインデータ（ネットワークアクセス不可能なデータ）として扱われ、オンラインでアクセスできません。アーカイブ層のデータを利用するには、いったんホット / クール / コールドのいずれかの層に変換してからアクセスする必要があります。アーカイブ層からほかの層への変換は、アクセスリクエストを出してから最長で数時間かかる上、料金も高額に設定されています。

[BLOBのアクセス層]

	主な用途	最低 保持期間	保存料金 [1]	アクセス料金 [3] （読み取り 1 万回）
ホット	一般的な利用	なし	0.02 ドル /GB [2]	0.004 ドル /1 万回
クール	アクセス頻度の低いデータ	30 日	0.011 ドル /GB	0.01 ドル /1 万回
コールド	アクセス頻度の非常に低いデータ	90 日	0.0045 ドル /GB	0.1 ドル /1 万回
アーカイブ	アクセス頻度の極めて低いデータ	180 日	0.002 ドル /GB	5.5 ドル /1 万回 [4]

※1　円価だと端数がわかりにくいので、ドル価で表示（いずれもローカル冗長の場合。ローカル冗長については後述）
※2　ホット層の場合は 50 TB を超えると段階的な割引がある
※3　アクセスは、読み取りのほか、書き込みや一覧表示などにも課金される
※4　直接アクセス不可のため層の変更料金を示す

試験対策 一般的なデータは「ホット」、アクセス頻度は少ないものの必要なときはすぐ取り出したい長期保存データは「クール」または「コールド」を使用します。「アーカイブ」は、すぐに取り出す必要のない長期保存データに適しています。

2 Filesのアクセス層

Files にもアクセス層がありますが、BLOB と同様、Premium ストレージにはアクセス層はありません。BLOB のアクセス層がファイル単位で設定できるのに対して、Files のアクセス層は共有フォルダー単位で設定します。

- **トランザクション最適化**…アプリケーションから頻繁にアクセスされる共有に最適
  保存料金が高価ですが、アクセス料金が安価に設定されています。
- **ホット**…一般的なファイル共有に最適
- **クール**…BLOB のクール層と同様で、アクセス頻度の低い共有に最適

Files にはアーカイブ層とコールド層がありません。

[Filesのアクセス層]

	主な用途	保存料金 [1]	アクセス料金 [2] (読み取り1万回)
トランザクション 最適化	特に頻繁にアクセスするデータ	0.06 ドル /GB	0.0015 ドル /1 万回
ホット	一般的な利用	0.03 ドル /GB	0.0052 ドル /1 万回
クール	アクセス頻度の 低いデータ	0.0225 ドル /GB	0.013 ドル /1 万回

[1] 円価だと端数がわかりにくいので、ドル価で表示（いずれもローカル冗長の場合。ローカル冗長については後述）
[2] アクセスは、読み取りのほか、書き込みや一覧表示などにも課金される

8-3　冗長性オプション

マネージドディスクやストレージアカウントを使ってデータを保存できますが、すべてのものはいつでも壊れる可能性があります。クラウドでは「壊れないようにする」ではなく、「壊れても大丈夫」という考え方でシステムを設計するのが一般的です。

1　冗長性オプションの種類

　ストレージアカウントには、3つのコピーを持つ冗長性オプションが2種類、6つのコピーを持つ冗長性オプションが4種類あります。3つのコピーを持つ冗長性オプションは、以下のとおりです。

- ・ローカル冗長ストレージ（Locally Redundant Storage：LRS）…同じリージョンの同じデータセンター内に3つのコピーを保持します。
- ・ゾーン冗長ストレージ（Zone-Redundant Storage：ZRS）…同じリージョン内の別々の可用性ゾーンに3つのコピーを作成します。Azureで可用性ゾーンを持つリージョンには、必ず3つ以上の可用性ゾーンがあります。

　LRSとZRSはいずれも、Standard/Premiumの両ストレージで利用できます。しかし以下の4種類の冗長性オプションはStandardストレージ専用で、Premiumストレージでは利用できません。いずれも6つのコピーを持つことで障害対策を強化しています。

- ・geo（地理）冗長ストレージ（Geo-Redundant Storage：GRS）…プライマリリージョン（ストレージアカウントの作成時に指定したリージョン）に3つのコピーを保持します。また、セカンダリリージョンと呼ばれる別リージョンに、予備としてさらに3つのコピーを作成します。セカンダリリージョンには、プライマリリージョンのリージョンペアが使用されます。正常稼働時はプライマリリージョン内のマスターとなるデータにのみアクセス可能です。各リージョン内ではLRSとして保存されます。

- 読み取りアクセス geo（地理）冗長ストレージ（Read-Access Geo-Redundant Storage：RA-GRS）…保持するコピーは geo 冗長ストレージと同じですが、RA-GRS では、セカンダリリージョンの保持するコピーされたデータに読み取り専用のアクセスができるようになります。各リージョン内では LRS として保存されます。
- geo（地理）ゾーン冗長ストレージ（Geo-Zone-Redundant Storage：GZRS）…geo 冗長ストレージのプライマリリージョン（読み書き可能な場所）をゾーン冗長ストレージに変更したものです。
- 読み取りアクセス geo（地理）ゾーン冗長ストレージ（Read-Access Geo-Zone-Redundant Storage：RA-GZRS）…読み取りアクセス geo 冗長ストレージのプライマリリージョン（読み書き可能な場所）をゾーン冗長ストレージに変更したものです。

2 冗長性オプションの選択

冗長性オプションは、冗長度が上がるほど容量価格も増加します。最も安価な冗長化が LRS で、ZRS、GRS、GZRS、RA-GRS、RA-GZRS の順に高価になります。最適なストレージは、想定した障害に対応可能な冗長化オプションのうち、最も安価なものと考えられます。たとえばデータセンター障害に対応が必要な場合、利用できる冗長化レベルは GRS や ZRS などがありますが、最も安価なのは ZRS なので、ZRS を選択すべきです。

試験対策

冗長性オプションで、どこにいくつの複製データが保持され、どの範囲の障害に対応可能かは非常に重要です。geo 冗長を含まない LRS と ZRS は合計 3 つの複製を作り、geo 冗長を含むストレージ（GRS、RA-GRS、GZRS、RA-GZRS）はリージョンペアに追加で 3 つ（合計 6 つ）の複製を作ります。

試験対策

最適なストレージとは、想定した障害に対応可能な冗長性オプションのうち、最も安価なものを指します。たとえばデータセンター障害に対応が可能で、最も安価なのは ZRS なので、ZRS を選択すべきです。

[ストレージアカウントの冗長性オプション]

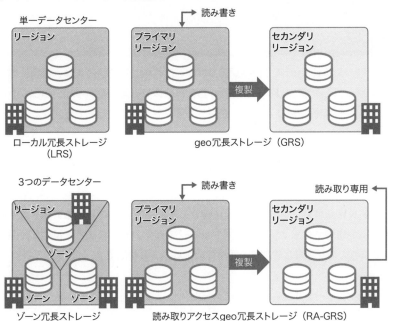

単一データセンター

ローカル冗長ストレージ
(LRS)

geo冗長ストレージ（GRS）

3つのデータセンター

ゾーン冗長ストレージ
(ZRS)

読み取りアクセスgeo冗長ストレージ（RA-GRS）

8-4 ファイル操作ツール

Azureのストレージアカウントに格納したファイルは、独自に作成したアプリケーションからアクセスできるほか、マイクロソフトが無償提供するツールを使ってアクセスすることもできます。

1 ファイル操作ツールの種類

ストレージアカウントにデータを保存したり取り出したりするには、以下のツールが利用できます。また、ストレージアカウントのアクセス規約は公開されているので、独自に管理ツールを作成することも可能です。

- ・Azure ポータル（Azure 管理ツール）
- ・AzCopy
- ・Azure ストレージエクスプローラー
- ・Azure File Sync

2 Azureポータル

Azure ポータルのストレージアカウント管理画面では、ファイルのアップロードとダウンロードのほか、テキストファイルの編集機能が備わっています。ただし、低速であること、Azure サブスクリプションの管理者権限が必要なこと、ストレージアカウント間の操作ができないなど機能が低いことから、Azure 管理者が少数の小さなファイルを扱うときにのみ利用されます。ファイル数が多い場合や、ファイルサイズが大きい場合には適していません。

3 AzCopy

AzCopy は、オンプレミスのファイルとストレージアカウントや、ストレージアカウント間でファイルや BLOB をコピーするためのコマンドラインツールです。Azure 以外に AWS や Google Cloud もサポートします。

コマンドラインツールなので、操作手順をファイルとして保存し、自動実行することもできます。

クラウド間でコピーする場合、データはクラウドからクラウドへ直接コピーされます。

[AzCopyコマンドによるクラウド間コピー]

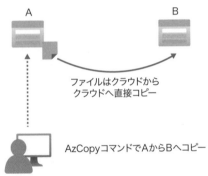

A　　　　　　　　　B

ファイルはクラウドから
クラウドへ直接コピー

AzCopyコマンドでAからBへコピー

AzCopy はマイクロソフトの Web サイトで無償公開されています。

試験対策　AzCopy は、Azure ストレージアカウントのファイルをコピーするコマンドラインツールです。操作手順をファイルとして保存し、自動実行することもできます。

AzCopy を GUI 対応にしたのが **Azure ストレージエクスプローラー**です。AzCopy の機能のほとんどを含み、GUI 操作が可能です。

Azure ストレージエクスプローラーは、マイクロソフトの Web サイトで無償公開されています。

[Azureストレージエクスプローラー]

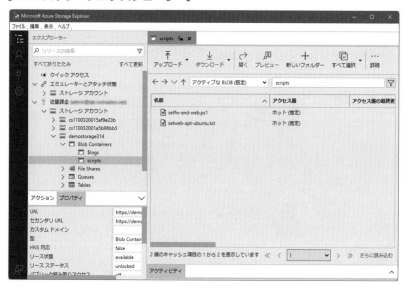

試験対策　Azure ストレージエクスプローラーは、Azure ストレージアカウントのファイルをコピーする GUI ツールです。

5　　Azure File Sync

Files は Windows のファイル共有プロトコルである SMB を使いますが、社内から直接利用するには以下の問題があります。

- **インターネット向けの SMB が会社のポリシーで禁止されている場合がある**
  多くの会社では、インターネット利用を Web アクセス（HTTP および
  HTTPS）に制限しています。この場合、SMB は使えません。
- **インターネット接続は十分な速度が出ない場合がある**
  一般にインターネット接続は、社内ネットワークより低速です。
- **社内システムと Azure でセキュリティ構成が違う**
  社内システムと Azure では、ユーザーやグループの管理システムが違うた
  め、ファイルサーバーに対して適切なアクセス制御を行うには、セキュリ
  ティ構成の同期が必要です。

そこで、登場したのが **Azure File Sync** です。Azure File Sync はオンプレ
ミスのファイルサーバーのファイルを、セキュリティ情報とともに Azure Files
に複製します。

Azure File Sync は、Azure 上の**ストレージ同期サービス**を使って、オンプレ
ミスファイルサーバーのファイルを Files に複製します。ユーザーは、従来どお
りオンプレミスのファイルサーバーを利用しますが、裏で Azure と同期します。

[Azure File Sync]

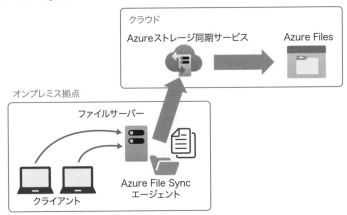

Azure File Sync を利用している場合、オンプレミスのファイルサーバーが障
害を起こした場合でも、新しいファイルサーバーを構成することで、Files から
ファイルを複製し、自動的に復旧します。また、複数のファイルサーバーを構
成することで、Azure を中継ポイントとして複数のファイルサーバーにあるファ
イル群を複製できます。

235

[Azure File Syncによる複製]

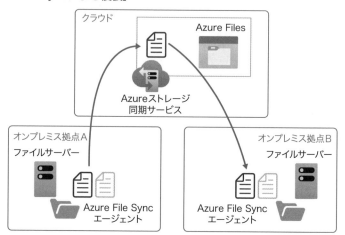

 試験対策 Azure File Sync は、オンプレミスファイルサーバーのファイルを Azure ストレージアカウントに自動複製する機能です。

8-5　ファイル移行ツール

Azureでは、オンプレミスにあるリソースをAzureに移行するためのツールとして「Azure Migrate」を提供しています。また、巨大なファイルをディスクに格納し、運送会社を使って転送するサービスも利用できます。

1　Azure Migrate

オンプレミスにあるリソースを Azure に移行するためのツールが **Azure Migrate** です。

Azure Migrate が提供する機能は以下の 4 つです。いずれも、現状を調査する**評価ツール**と、実際に移行する**移行ツール**で構成されています。

- **サーバー移行**…オンプレミスサーバーを Azure 仮想マシンとして移行、または Azure 仮想マシンを丸ごと別のリージョンや可用性ゾーンに移行
- **データベース移行**…SQL Server データベースを移行
- **アプリケーション移行**…オンプレミスの Web サイトを Azure App Services に移行
- **データ移行**…Azure Data Box（後述）を使用して、大量のデータをオフラインで Azure に移行

2　Azure Data Box

大量のデータをやりとりする場合、インターネット経由では許容できないほどの長い時間がかかってしまうことがあります。そこで、ディスク装置を輸送することでオンプレミスから Azure へ送ったり、逆に Azure からオンプレミスへ送ったりできます。これを **Azure Data Box** または単に **Data Box** と呼びます。転送にかかる時間は保証されていませんが、数日以内には完了するようです。

Data Box は単独のリソースとして利用できますが、Azure Migrate から呼び

出すこともできます。

Data Box は容量別に以下の3種類があり、すべてを総称する場合は「Data Box ファミリ」と呼びます。いずれも BLOB と Files、およびマネージドディスクのデータ転送に利用できます。

- **Data Box Disk**…35 TB までの容量に対応し、USB 3.1 または SATA 接続のディスク装置を最大5台使用
- **Data Box**…80 TB までの容量に対応した SMB および NFS 準拠のネットワーク接続ドライブで、最大 10 Gbps×2 本のネットワーク接続を使用
- **Data Box Heavy**…770 TB までの容量に対応した SMB および NFS 準拠のネットワーク接続ドライブで、最大 40 Gbps×4 本のネットワーク接続を使用

[Data Boxの種類]

Data Box Heavy：
台車付きサーバータイプ

Data Box：サーバータイプ

Data Box Disk：ポータブルディスクタイプ
https://learn.microsoft.com/ja-jp/azure/databox/data-box-disk-deploy-set-up
https://learn.microsoft.com/ja-jp/azure/databox/data-box-deploy-set-up
https://learn.microsoft.com/ja-jp/azure/databox/data-box-heavy-deploy-set-up

3 Import/Export

そのほか、自前で SATA ディスクを用意する **Import/Export** サービスも提供されます。Import/Export サービスで扱えるのは BLOB と Files のみで、マネージドディスクは利用できません。

Q 演習問題

1 Azure 上の Windows Server 仮想マシンとしてファイルサーバーを構築しました。ファイルサーバーのコストを節約するため、Azure のストレージアカウントとの置き換えを検討しています。移行コストが最も小さいサービスを 1 つ選びなさい。

    A.　BLOB

    B.　Files

    C.　Queue

    D.　Table

2 Azure 仮想マシンのデータディスクを追加する予定です。どのストレージを使うことができるでしょう。今後のことを考えて、適切なものを 1 つ選びなさい。

    A.　ブロック BLOB

    B.　ページ BLOB

    C.　マネージドディスク

    D.　Files

3 Azure 仮想マシンのデータディスクを追加する予定です。追加するディスクは頻繁にファイルアクセスがある上、高速性も要求されます。どのストレージを使うのが適切でしょう。1 つ選びなさい。

    A.　Standard HDD

    B.　Standard SSD

    C.　Premium HDD

    D.　Premium SSD

4 Web アプリケーションから利用している BLOB ストレージがあります。データは日常的にアクセスされ、ファイルの作成と削除が毎日繰り返されます。どのアクセス層を使うのが適切でしょう。1 つ選びなさい。

    A.　ホット層

    B.　クール層

    C.　コールド層

    D.　アーカイブ層

5 Web アプリケーションから利用している BLOB ストレージがあります。データは監査のときにのみ利用され、5 年間の保存義務があります。ただし、実際に監査があるのは数年に 1 度で、通常は数日前に事前通告があります。どのアクセス層を使うのが適切でしょう。1 つ選びなさい。

    A.　ホット層

    B.　クール層

    C.　コールド層

    D.　アーカイブ層

6 データセンターの障害にも対応できるようにストレージアカウントを作成する必要があります。最もコストを抑えた冗長性オプションを 1 つ選びなさい。

    A.　ローカル冗長ストレージ（LRS）

    B.　ゾーン冗長ストレージ（ZRS）

    C.　geo 冗長ストレージ（GRS）

    D.　読み取りアクセス geo 冗長ストレージ（RA-GRS）

7 読み取りアクセス geo 冗長ストレージ（RA-GRS）として構成した Azure ストレージは、いくつの複製を持つでしょうか。正しいものを 1 つ選びなさい。

    A.   3

    B.   4

    C.   6

    D.   9

8 Azure ストレージに保存された BLOB の操作をする必要があります。同じ操作を繰り返し実行できるように、スクリプトを構成して自動化したいと考えています。最適なツールを 1 つ選びなさい。

    A.   AzCopy

    B.   Azure ポータル

    C.   Azure File Sync

    D.   Azure ストレージエクスプローラー

9 オンプレミスのファイルサーバーに、毎月大量のデータが追加されています。分析のため、このデータを Azure ストレージアカウントにコピーしたいと考えています。ただし、インターネット接続は低速なので、必要な時間を単純計算すると 60 日かかることがわかりました。どのサービスを検討すべきでしょう。要件を満たし、既存の IT 環境に与える影響が最も小さいものを 1 つ選びなさい。

    A.   AzCopy

    B.   Azure Data Box ファミリ

    C.   Azure File Sync

    D.   高速なインターネット接続を契約する

10 オンプレミスのファイルサーバーがあります。サーバーの障害に備えて、Azure のストレージに複製することを検討しています。どのサービスが最も手軽に利用できるでしょう。適切なものを1つ選びなさい。

A. AzCopy の自動定期実行

B. Azure File Sync

C. Azure Migrate

D. ストレージアカウントの読み取りアクセス geo 冗長

解答

---

1 B

Azure Files は Windows ファイル共有のプロトコル SMB をそのまま使うため、移行コストを最も低く抑えられます。BLOB でもファイル保存は可能ですが、SMB との互換性がありません。

2 C

仮想マシンから利用するディスクにはマネージドディスク（ディスク）を使います。ページ BLOB を使った「アンマネージドディスク」は今後廃止される予定なので、使うべきではありません。ブロック BLOB と Files はディスクとしては利用できません。

3 D

Azure 仮想マシンから利用するディスクには、Standard HDD/Standard SSD/Premium SSD/Ultra Disk の 4 種類があります。選択肢の中で最も高速なディスクは Premium SSD です。Premium HDD というストレージはありません。

4 A

ホット層は、一般的なファイルアクセスに最適なアクセス層です。クール層とコールド層は、アクセス頻度が低い場合に利用し、アーカイブ層はほとんどアクセスされない場合に使います。

5 D

アーカイブ層は、データ保存料金がホット層の 10 分の 1 と安価ですが、180 日間の最低保持期間があります。また、アクセスするにはいったんホット / クール / コールドのいずれかに変換する必要がありますが、それには最大数時間かかります。設問では、5 年間の保存義務があること、監査が滅多にないこと、事前通告があることから、アーカイブ層の欠点は問題になりません。

6 B

データセンター障害に耐えられるのは ZRS、GRS、RA-GRS のいずれか
ですが、このうち最も安価なのは ZRS です。

7 C

geo 冗長および読み取りアクセス geo 冗長は、プライマリリージョンに
3 つ、セカンダリリージョンに 3 つ、合計 6 つの複製を持ちます。読
み取りアクセスの有無で複製数は変わりません。

8 A

AzCopy は Azure ストレージを操作可能なコマンドラインツールです。
Azure ポータルは GUI ツールとして使用できますが、低速で低機能です。
Azure ストレージエクスプローラーは GUI ツールなので、スクリプト
には向きません。Azure File Sync はファイルサーバーと Files を同期す
る機能であり、BLOB を扱う機能はありません。

9 B

Azure Data Box ファミリは、ディスク装置を輸送することで大量のデー
タを転送できます。AzCopy や Azure File Sync はインターネットを使う
ので解決にはなりません。高速なインターネット接続を契約すること
は有効ですが、既存の IT 環境に影響を与える可能性があります。

10 B

Azure File Sync は、オンプレミスのファイルサーバーのファイルを
Azure Files に複製します。AzCopy でも不可能ではありませんが、スク
リプトの作成と自動実行の登録に手間がかかります。Azure Migrate は
ファイルサーバー全体の複製機能を持ちますが、ファイル複製専用の
機能ではありません。ストレージアカウントの geo 冗長はオンプレミ
スデータを扱いません。

第9章

AzureのID管理

9-1　ID管理の基礎

「誰に許可・禁止したか」「誰が操作したか」を管理することは、セキュリティの重要な要件の1つです。「誰が」に相当する情報を管理するサービスを「IDプロバイダー」略して「IdP」と呼びます。

1　情報管理の基盤

　「7-2　Azure Virtual Network（仮想ネットワーク：VNET）」では、IP アドレスやポート番号による通信制限について説明しました。しかし、これらの情報では正当なアクセスかどうかを適切に判断することができません。社員が Web ブラウザーを使って、Azure 上に構築された Web サーバーにアクセスしたとします。一見、何の問題もないように思えますが、そうとは限りません。たとえば、人事部が管理している社員の個人情報が自由に閲覧できたり、経理部が管理している経営情報を勝手に変更できたりするのは適切な状態ではありません。

　このように、適切な役割の人が、適切な情報に対して、適切な操作ができるように設定することはシステム管理者の大事な仕事です。こうした情報管理の基礎を提供するのが ID プロバイダー（IdP）です。**Microsoft Entra ID（旧称 Azure Active Directory）** は、マイクロソフトが提供するクラウドベースの IdP です。

2　認証と承認の違い

　情報管理をする上で、確実に理解する必要がある２つの基本的な概念が**認証**と**承認（認可）**です。これらは発生するすべての事象の根拠となり、任意の ID 認証およびアクセスのプロセスで順次行われます。

● 認証（Authentication）

　認証はユーザーの身元を証明する行為で、AuthN と短縮される場合があります。認証は大きく分けると次の３つの方法があります。

- **知っていること（something you know）を使う**…「その人だけが知っている情報を知っている場合は、その人である」と考えます。代表例はパスワードです。認証に使う場合は、他人に知られてはいけません。**知識認証**とも呼びます。

- **持っているもの（something you have）を使う**…「その人だけが持っているものを持っている場合は、その人である」と考えます。代表例は携帯電話やスマートカード（IC カード）です。日常生活の例では、鍵や印鑑が相当します。認証に使うには、簡単には複製できないことが必要です。**所有物認証**とも呼びます。

- **その人自身（something you are）を使う**…「固有性の高い身体的特徴が同一の場合は、その人である」と考えます。代表例は指紋認証や顔認証です。**生体認証**または**身体認証（バイオメトリクス認証）**とも呼びます。

マイクロソフトは、認証サービスとして Microsoft Entra ID を提供します。Microsoft Entra ID は、業界標準の認証プロトコルである OpenID Connect や SAML（Security Assertion Markup Language）をサポートします。SAML は承認にも使われます。

[3つの認証要素]

知っていること　持っているもの　その人自身

Microsoft Entra ID は、以前は「Azure Active Directory（Azure AD）」と呼ばれていました。そのほかにも「Azure AD」の名称を含む多くのサービス名が変更されています。変更された名前のリストは以下を参照してください。
https://learn.microsoft.com/ja-jp/entra/fundamentals/new-name
なお、いずれも名称が変更されただけで、機能の違いはありません。

247

生体を使った認証は、現在の技術では誤認識がわずかに存在します。また、情報が流出した場合でも、容易には変更できないというリスクもあります。

● 承認（Authorization）

　承認（または認可）は、認証された利用者に対して、何かを実行する権限を付与する行為で、(1) アクセスを許可するデータと、(2) そのデータに対して実行できる操作をセットで指定します。承認を行うには、認証が前提となります。たとえば、空港などで「Authorized Person Only」という表示が出ているドアがあります。もし勝手に入ろうとしたら、警備員に呼び止められ身分証明書の提示を求められるでしょう。警備員は身分証明書の記載情報や顔写真を確認することで本人確認を行います。仮に空港免税店の店員であることが確認できたとしましょう（認証の成功）。次に、警備員はその人が整備場に立ち入る資格を持つかどうかを確認します。空港免税店の店員は整備場に立ち入ることはできませんから、承認は失敗します。

［認証と承認］

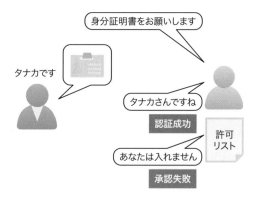

　承認は AuthZ と短縮される場合があります。Microsoft Entra ID は、認証サービスのほか、業界標準の承認プロトコルである OAuth 2.0 プロトコルや SAML もサポートします。前述のとおり、SAML は認証にも使われます。

試験対策

本人確認が「認証」、操作の許可が「承認」または「認可」で、両者は別物です。

参考

「認可」と「承認」は、いずれも「Authorization」の訳で、どちらも同じ意味です。一般には「認可」がよく使われますが、マイクロソフトでは「承認」を使うほうが一般的です。しかし、最近は業界の慣習に合わせて「認可」も使われています。試験でも、両方の言葉が使われる可能性があるので注意してください。

コラム

誰だかわからない人に権限を付与することはあり得ません。そのため、日常生活では認証と承認をセットで使うことがよくあります。たとえば、「自動車運転免許証」は、「運転可能な自動車の種類や条件」という承認情報を記録した証書ですが、「本人しか持っていないもの」であり「本人の顔写真」が含まれることから、認証にも使用されます。このように、本来は「承認」を記録する証書を「認証」に流用することはよくあります。逆に、マイナンバーカードは認証のための証書ですが、2021年3月から健康保険証の機能を追加して「保険適用治療」の承認をさせる試みが始まっています。このように、日常生活では「認証」と「承認」はセットになっていることが多いのですが、セキュリティ的には別の概念なので間違えないようにしてください。

> マイクロソフトが提供するクラウドベースのIdPの代表が
> Microsoft Entra IDです。また、オンプレミス用にActive
> Directoryドメインサービス（AD DS）も提供されます。ここでは、
> Entra IDのバリエーションとAD DSとの連携について説明します。

1　Microsoft Entra ID

　Microsoft Entra ID（旧称 Azure Active Directory または Azure AD）はマイクロソフトが提供するクラウドベースの ID プロバイダー（IdP）で、認証と承認サービスを提供します。認証の結果として ID が与えられるため、認証機能を **ID 管理サービス** または役割そのままで **認証サービス** と呼びます。また、承認機能はアクセス許可を与えたり拒否したりするため、**アクセス管理サービス** と呼びます。

　Microsoft Entra ID は、Azure サブスクリプションとは別に契約できます。たとえば企業向けの Microsoft 365 を契約するには Microsoft Entra ID が必要ですが、Azure のサブスクリプションを契約する必要はありません。契約した Microsoft Entra ID を「テナント」と呼びます。多くの場合、1 社は 1 つのテナントだけを使います。

試験対策　Microsoft Entra ID（旧称 Azure Active Directory または Azure AD）は、クラウドベースの ID 管理機能を提供します。

　Microsoft Entra ID は、以下のリソースに対する認証と承認（アクセス管理）機能を提供します。

・**外部リソース**…Microsoft 365、Azure ポータル、そのほか多くの SaaS アプリケーションが含まれます。

・**内部リソース**…企業ネットワークとイントラネット上のアプリケーション
や、自分の組織で開発したクラウドアプリケーションなどが含まれます。

Microsoft Entra ID は、単なるユーザー認証だけでなく、以下の機能も提供し
ます。詳しくは9-3節以降で説明します。

・**アプリケーション管理**…アプリケーションに認証機能を追加するための
ツールやサービスを提供します。また、複数のアプリケーションに対して、
同じ認証情報でサインインする**シングルサインオン**を実現します。また、登
録済みのアプリケーションを一覧表示して管理する機能も提供します。
・**認証管理**…Microsoft Entra ID の**セルフサービスパスワードリセット**（パ
スワードを忘れた場合、電子メールなどで情報を通知して自分でパスワー
ドをリセットする機能）、**多要素認証**（複数種類の認証を強制すること）な
どを管理します。
・**企業間（B2B）連携**…自社の Microsoft Entra ID と、ビジネスパートナー
の Microsoft Entra ID を連携させたアプリケーションを構築できます。
・**企業 - 消費者間(B2C)連携**…自社の Microsoft Entra ID と、X（旧 Twitter）
や Facebook などの ID を連携させたアプリケーションを構築できます。
・**条件付きアクセス**…認証機能を利用するための条件を設定します。たとえ
ば、社内ネットワークからの利用では多要素認証を不要にするといった設
定が可能です。
・**デバイスの管理**…デバイスが会社のデータにアクセスする方法を管理しま
す。たとえば、条件付きアクセスと組み合わせて、未登録のスマートフォ
ンからの認証要求を拒否することができます。

2　　　Microsoft Entra IDとActive Directoryドメインサービス

「Active Directory」は、ID とアクセス管理についてのマイクロソフトの商
標です。個々のサービスや製品は「Active Directory ○○サービス」や「○○
Active Directory」と呼びます。
　オンプレミスで広く使われているのが **Active Directory ドメインサービス
（AD DS）** です。歴史的な経緯から単に「Active Directory」と呼ばれることも

ありますが、Microsoft Entra ID（旧称 Azure AD）との互換性はありません。

　Microsoft Entra ID は、クラウドベースの ID 管理サービスで、Azure の各種サービスのほか、Microsoft 365 の認証でも使われています。Microsoft Entra ID と社内 Active Directory ドメインサービスを統合すると、Azure の各種サービスや Microsoft 365 の認証用 ID を社内環境と共通化できるので便利です。そこで、Microsoft Entra ID は以下の３つの方法で、Active Directory ドメインサービスと情報を同期または連携します。これにより、Microsoft Entra ID と Active Directory ドメインサービスで同じユーザー名とパスワードを使用できます。

・パスワードハッシュ同期（PHS）…Active Directory ドメインサービスから Microsoft Entra ID へ、パスワードハッシュ（復元不可能なデータに変換したパスワード）を複製します。Microsoft Entra ID に保存されたパスワード情報を使って認証します。パスワードハッシュの複製は 2 分間隔で実行されるため、Active Directory ドメインサービスと Microsoft Entra ID のパスワードはほぼ同じタイミングで変更されます。そこで「パスワードハッシュ同期」と呼びます。

・パススルー認証（PTA）…Microsoft Entra ID への認証を、オンプレミス Active Directory ドメインサービスに直接転送します。パスワードは Microsoft Entra ID には保存されず、オンプレミス Active Directory ドメインサービスで認証します（Microsoft Entra ID にもパスワードハッシュを保存するオプションがありますが、PTA による認証では使用しません）。

・AD FS（Active Directory Federation Services）…Microsoft Entra ID への認証を、オンプレミス AD FS にリダイレクト（切り替え）し、必要なデータ変換をしてから Active Directory ドメインサービスに認証を要求します。このような変換をフェデレーションと呼びます。フェデレーションではパスワードは Microsoft Entra ID に保存されません。本来 AD FS は異なる組織間での連携などで、社内の情報をそのまま公開したくない場合に使う機能ですが、Microsoft Entra ID との連携に流用しています。

　いずれの場合でもオンプレミス側には Microsoft Entra Connect（旧称 Azure AD Connect）と呼ばれるサービスをインストールする必要があります。さらに AD FS を使う場合は、オンプレミスに AD FS サーバーが必要です。

[Microsoft Entra IDとActive Directoryドメインサービスの連係]

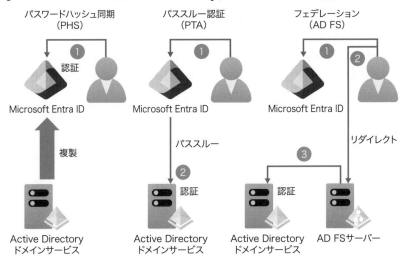

第9章 Azure の ID 管理

オンプレミスのユーザーと同じアカウント情報で Microsoft Entra ID にサインインするには、「パスワードハッシュ同期」「パススルー認証」「AD FS（Active Directory Federation Services）」の 3 つの方法があります。

試験対策

Microsoft Entra Connect で構成可能な 3 つの方法のうち、パスワード情報を Microsoft Entra ID に常に複製するのは PHS だけです。

試験対策

Microsoft Entra ID と AD DS は内部構造が違うため、Entra Connect ではユーザー名とパスワード、住所や勤務先などは複製されますが、内部 ID などの情報は複製できません。

参考

Active Directory ドメインサービス（AD DS）と互換性を持った Azure サービスが **Microsoft Entra Domain Services** で、以前は **Azure Active Directory Domain Services（Azure AD DS）** の名称でした。

Microsoft Entra Domain Services は、Microsoft Entra ID のユーザーやグループを自動的に複製するほか、独自のユーザーやグループを追加することもできます。主な目的は、AD DS を必要とするアプリケーションを Azure の仮想マシン上で動作させることです。

Microsoft Entra Connect と併用することで、オンプレミス AD DS→Microsoft Entra ID → Microsoft Entra Domain Services の経路でユーザーアカウント情報を複製できます。

[Microsoft Entra Domain ServicesとActive Directory Domain Services]

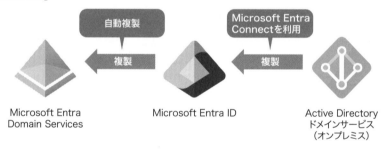

自動複製   Microsoft Entra Connectを利用

複製   複製

Microsoft Entra Domain Services   Microsoft Entra ID   Active Directory ドメインサービス（オンプレミス）

9-3 認証機能

Microsoft Entra IDの最も重要な機能は安全な認証を提供することです。従来から使用されているユーザー名とパスワードによる認証に加え、多くの機能が提供されています。

1 シングルサインオン（SSO）

　一度のサインイン作業で、異なる複数システムを利用できる機能を**シングルサインオン（SSO）**または**シングルサインイン**と呼びます。

　シングルサインオンは、最初に ID プロバイダーから認証を受けた後、認証情報を保存した「トークン」を保存します。アプリケーションへのアクセスは、このトークンを提示することで認証が完了したと見なします。アプリケーションの構成にもよりますが、通常は ID プロバイダーで認証されたあとは、アプリケーションごとに認証が要求されることはありません。自動的に認証が完了します。

　Microsoft Entra ID は、認証トークンとして SAML などの標準化された機能を使うため、複数のベンダーが提供するアプリケーション間で共通の認証が可能です。

[シングルサインオンの原理]

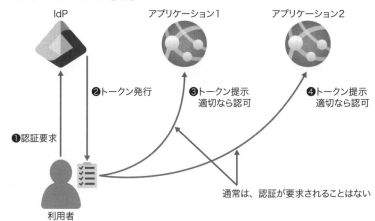

IdP　　　　　アプリケーション1　　　　アプリケーション2

❷トークン発行　　❸トークン提示　　　　❹トークン提示
　　　　　　　　　適切なら認可　　　　　　適切なら認可

❶認証要求

利用者

通常は、認証が要求されることはない

シングルサインオンは Microsoft Entra ID の全ユーザーが利用可能ですが、アプリケーションを Microsoft Entra ID に登録しておく必要があります。

一般に「サインイン（sign in）」と「サインオン（sign on）」は同じ意味で使われますが、マイクロソフトは「サインイン」を主に使っています。ただし「シングルサインイン」という言葉はほとんど使われず「シングルサインオン」が一般的です。これは「シングルサインオン（Single Sign On）」の略称である「SSO」が IT 業界全体で広く使われており、「シングルサインイン（SSO）」とするとかえって混乱するためと思われます。

試験対策 シングルサインオン（SSO）とは、ID プロバイダーに一度サインインするだけで複数のアプリケーションの認証が可能な仕組みのことを指します。

2　多要素認証（Multi-Factor Authentication）

多要素認証（Multi-Factor Authentication：MFA）は、3 種類の認証方法「知っていること（知識）」「持っているもの（所有物）」「その人自身（生体）」のうち、2 種類以上を使う認証方法です。2 つのパスワードを使う場合のように種類が同じものは多要素認証ではありません。たとえば、以下の組み合わせは多要素認証の例です。

・パスワード＋携帯電話の確認コード
・パスワード＋指紋
・物理的なセキュリティデバイス＋指紋

試験対策 「多要素認証」は、「知っていること」「持っているもの」「その人自身」のうち、2 種類以上を使う認証方法です。単に 2 つの情報を使うだけでは多要素認証とは見なされません。たとえば 2 種類のパスワードを使うのは多要素認証ではありません。

　ユーザー名とパスワードだけで認証をするのは、十分安全とはいえません。推測しやすいパスワードを使っていたり、どこかで流出していた場合、そのユーザー名とパスワードでサインインしようとしているユーザーが本人なのか、攻撃者なのかが判別できないためです。追加で2つ目の認証方法による認証も義務付ければ、セキュリティが向上します。

　Microsoft Entra ID ユーザーに対する多要素認証（MFA）の方法は、組織が所有しているライセンスに応じて複数用意されています。

- **パスワード**…プライマリ認証（最初に行われる認証）として利用され、単一要素の認証としても利用可能
- **Microsoft Authenticator アプリ（スマートフォンやタブレット）**…プッシュ通知による確認または 30 秒ごとに更新されるコードを利用
- **OATH ハードウェアトークン（携帯可能な小型専用ハードウェア）**…30 秒または 60 秒ごとに更新されるコードを利用
- **SMS（携帯電話のショートメッセージ）**…SMS で送られる 6 桁のコードを利用
- **音声電話**…電話に応答して # を入力する

　後述する「パスワードレス認証」を除き、MFA はプライマリ認証としてパスワードを使います。第 2 要素はプライマリ認証のあとに利用されます。

　さらに、Windows 10 以降では「Windows Hello for Business」を、スマートフォンでは「Microsoft Authenticator アプリ」のオプション機能を利用することで、指紋や顔などを使った生体認証も利用できます。

　MFA は、Microsoft Entra ID の基本機能として提供されます。ただし、無料版の Microsoft Entra ID ではパスワード認証と Microsoft Authenticator アプリを使った認証のみがサポートされます。MFA の全機能を使うには、有償版の Microsoft Entra ID P1 または P2 が必要です。

試験対策　多要素認証（MFA）の全機能を使うには、Microsoft Entra ID P1 または P2 が必要です。無料版では機能が制限されます。

多要素認証が構成された場合、以下のような流れでサインインします。ここではマイクロソフトが配布しているスマートフォンおよびタブレット向けのアプリ「Microsoft Authenticator」を使います。あらかじめスマートフォンを登録することで「利用者だけが持っているもの」の条件を満たします。

① パスワードによる認証
② MFA による追加認証

 試験対策　Microsoft Entra ID で MFA を有効にすると、パスワードに加えて、スマートフォンやタブレットのアプリ、ハードウェアトークン、SMS、音声電話による認証が利用できます。

 参考　Microsoft Authenticator などのアプリでは、プッシュ通知と確認コードの両方を使えるのが一般的です。プッシュ通知は必要な画面が自動的に表示されるので、操作は簡単ですが、ネットワーク接続が必須です。確認コードは、アプリが生成したコードをパスワードのように入力する必要があるので少し手間がかかります。しかし、確認コードは時刻に同期した情報を使い、ネットワーク接続を必要としません。

[Microsoft Authenticatorアプリの確認コード]

Microsoft Authenticator アプリで、プッシュ通知を設定した場合、以下の 3 つのパターンのいずれかが使用されます。

- **単純通知**…［承認］をタップするだけでアクセスを許可できます。簡単ですが、不正アクセスなのにうっかりタップしてしまうリスクがあります。
- **数字選択**…アプリケーション側で 2 桁の数字を表示します。Authenticator は 2 桁の数字を数個表示するので、アプリケーションが提示した正しい数字をタップします。
- **数字入力**…アプリケーション側で 2 桁の数字を表示します。Authenticator で 2 桁の数字を自分で入力し、［はい］をタップします。

どれを使うかは自動的に決定され、利用者が選択することはできません。将来的にはすべての Microsoft Entra ID で数字入力に移行する予定です。

また、意図した認証要求であることを確認するため、アプリケーション名を表示する機能と、IP アドレスから認証が要求された場所を特定し、地図上に表示する機能があります。この 2 つの機能は Microsoft Entra ID の管理者が有効／無効を選択できます。

［Microsoft Authenticatorアプリの通知］

多要素認証のためにマイクロソフトが配布しているアプリケーション（Microsoft Authenticator）でプッシュ通知を利用した場合の例

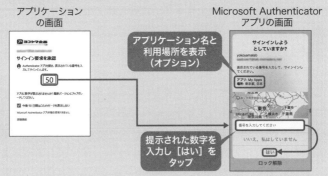

第9章 Azure の ID 管理

259

多要素認証は日常生活でも広く使われています。たとえば、銀行の
キャッシュカードを使う場合はキャッシュカード自体（所有物）と
暗証番号（知識）の2つが必要です。また、重要な書類は署名捺印
を行います。署名（筆跡）という生体認証と、印鑑という所有物認
証を組み合わせて、確かに本人が同意したという証拠にしています。

3　パスワードレス認証

　現在、ユーザー名とパスワードのみによる認証では、十分な安全性を確保す
ることが難しいとされています。パスワードには以下のような問題があるため
です。

・短いパスワードは総当たり攻撃に弱い
・長いパスワードは覚えにくい
・覚えやすいパスワードは第三者から推測されやすい

　そのため、別の要素を使った認証を追加することでセキュリティを向上させ
ています。これが前述の MFA です。MFA を採用することで、パスワード強度
がある程度弱くても許容できます。たとえば、銀行のキャッシュカードを使う
には4桁の暗証番号が必要ですが、暗証番号だけ知っていても、キャッシュカー
ド自体を持っていないと使えません。つまり「知識」と「所有物」を使った一
種の MFA です。

　しかし、パスワードの扱いが難しいことは変わりません。そこで、そもそも
パスワードをなくしてしまおうという発想が生まれました。これが**パスワード
レス認証**です。Microsoft Entra ID のパスワードレス認証は、「所有物認証」と
「生体認証」の2つを使った MFA で、いずれもスマートフォンまたは PC の機
能を利用します。また、知識認証を利用することもできます。知識認証では PIN
（Personal Identification Number）を使います。パスワードと似ていますが、
PIN は手元にあるスマートフォンまたは PC などのデバイスを使うためだけに利
用し、デバイスが変わると PIN も変わります。そのため、PIN が漏えいしても
該当のスマートフォンまたは PC が手元にある限り安全です。Windows 10 以
降で利用可能な企業向けパスワードレス認証を「Windows Hello for Business」

と呼びます。個人向けのパスワードレス認証として「Windows Hello」も利用できますが、本書では扱いません。

● **スマートフォンのパスワードレス認証**

- **所有物認証**…スマートフォンそのものを持っていること
- **生体認証**…指紋や顔など
- **知識認証**…PIN（スマートフォンのロックを解除するときに使うコード）

● **PC（Windows 10以降）のパスワードレス認証（Windows Hello for Business）**

- **所有物認証**…PC そのものを持っていること
- **生体認証**…指紋や顔など
- **知識認証**…ログイン PIN コード

「総当たり攻撃」は「ブルートフォースアタック」とも呼ばれ、パスワードとして使われる可能性のあるすべての文字列をすべて試す手法です。たとえばパスワードが 2 桁の数字だった場合、00 から 99 までのすべての数字を試すことです。

なお、実際には何度もパスワードを間違えると（Microsoft Entra ID の既定値は 10 回）一定期間（Microsoft Entra ID の既定値は 1 分）ロックアウトされ、しばらくは正しいパスワードを入力してもサインインできなくなります。また、Microsoft Entra ID では不適切なサインインを繰り返した場合はロックアウト時間が自動的に延長されます。ただし、同じパスワードを繰り返し入力してもロックアウトはされません。これは利用者の記憶違いによるロックアウトを防ぐためです。

スマートフォンの PIN コードは数桁の数字が一般的です。パスワードとして使った場合は簡単に総当たり攻撃で解読されそうですが、スマートフォン本体が手元にないと意味がないため、十分な強度があると考えられています。銀行のキャッシュカードの暗証番号は 4 桁の数字ですが、カード自体を安全に保管していればセキュリティ的には十分だと考えるのと同じです。

「パスワードを忘れてサインインできない」というのはどこの国でも非常に多いトラブルです。Microsoft Entra ID ではパスワードそのものではなく、パスワードのハッシュ値だけが保存されているため、現在のパスワードを調べることはできません。そのため、ユーザーがパスワードを忘れた場合、IT 管理者は新しいパスワードを強制的に設定します。

しかし、この方法には 2 つの問題があります。1 つは、IT 管理者が「パスワードを忘れた」と主張している人が、本当に本人かを確認するのが難しいことです。電話で「パスワードを忘れたのですぐにリセットしてほしい」といわれても、本人である保証はできません。もう 1 つは、IT 管理者に連絡すること自体が面倒だということです。

そこで、Microsoft Entra ID では、利用者自身がパスワードをリセットする**セルフサービスパスワードリセット（SSPR）**が提供されます。SSPR は、Microsoft Entra ID P1/P2 または Microsoft 365 Business Standard で利用している Microsoft Entra ID が必要です。

SSPR を利用するには、2 つのステップが必要です。

① Microsoft Entra ID 管理者が SSPR を有効化
② ユーザー自身で SSPR に必要な認証情報を登録

SSPR の認証情報は、多要素認証の設定と共有できます。また、SSPR のみで使える認証機能として以下の方法を利用できます。

・電子メール
・セキュリティの質問（質問項目は Microsoft Entra ID 管理者が設定）

ただし「セキュリティの質問」は推測されやすいため、Microsoft Entra ID 管理者に対して設定することはできません。一般ユーザーに対しても推奨はされません。なお、「セキュリティの質問」は、SSPR の管理者画面では「秘密の質問」と表示されます。

[セルフサービスパスワードリセットの例]

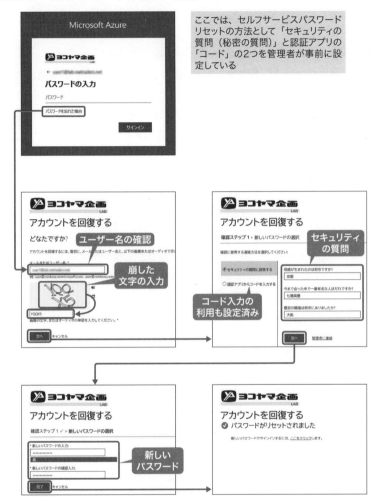

ここでは、セルフサービスパスワードリセットの方法として「セキュリティの質問（秘密の質問）」と認証アプリの「コード」の2つを管理者が事前に設定している

9-4　外部IDの利用

Microsoft Entra IDには社外ユーザーを管理する機能として「Microsoft Entra External ID」が備わっています。Microsoft Entra External IDにはビジネスパートナーのアカウントを管理するB2Bと、顧客のアカウントを管理するB2Cがあります。

1　Microsoft Entra B2B

ビジネスパートナーと共同作業を行う場合、ビジネスパートナーのアカウントを自社の Microsoft Entra ID テナントに「招待」して利用できます。この作業を **B2B コラボレーション**と呼び、**Microsoft Entra B2B** で構成します。B2B は Business to Business の意味です。

Microsoft Entra B2B で招待したアカウントのパスワードはビジネスパートナー側で管理されますが、MFA の情報は自社の（招待した側の）Microsoft Entra ID に登録してもらう必要があります。

Microsoft Entra B2B は、以下の手順で構成します。特別なリソースを作成する必要はありません。

① 外部ユーザーが所属する予定のグループに対して、自社のリソースのアクセス許可を付与(アクセス許可の詳細は「第 10 章　Azure のアクセス管理」で説明)
② メールアドレスを指定して、ビジネスパートナーを自社テナントに招待し、外部ユーザー登録の準備を行う
③ ビジネスパートナーが招待を受け入れる
④ 自社の Microsoft Entra ID に外部ユーザーとしての登録が完了

[Microsoft Entra B2B]

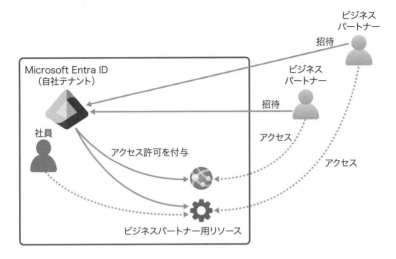

B2B コラボレーションの対象はビジネスパートナーであり、自社のリソース
の一部にアクセスする許可を与えることができます。

2　　Azure Active Directory B2C（Azure AD B2C）

　アプリケーションによっては、プロファイル管理をするために顧客ごとの ID
を発行し、個別に認証を行いたい場合があります。しかし、安全な認証サービ
スを新規に作成するのは非常に手間がかかります。**Azure Active Directory
B2C（Azure AD B2C）**は、顧客の ID 管理を行うための専用テナントです。
B2C は Business to Consumer の意味です。

　Azure AD B2C は Microsoft Entra ファミリですが、サービス名の変更は行わ
れていません。

　Azure AD B2C には以下のような利点があります。

・安全なユーザー認証を容易に実現できる
・ユーザープロファイル情報を安全に管理できる
・ユーザー ID を顧客自身で作成できる（セルフサービス登録）
・Facebook や Google アカウントを使ったシングルサインオンが可能

第 9 章　Azure の ID 管理

Azure AD B2C は、以下の手順で構成します。B2C 専用テナントが必要なことに注意してください。

① Azure AD B2C テナントを新規に作成する
② 外部ユーザーとしての登録に対して、自社リソースのアクセス許可を付与（アクセス許可の詳細は「第 10 章 Azure のアクセス管理」で説明）
③ セルフサービス登録用の Web ページを作成する
④ 顧客に対してユーザー登録を促す（Azure AD B2C テナント管理者による手動登録も可能）

Azure AD B2C は、社員が利用する Microsoft Entra ID テナントとは完全に分離されているため、社内情報が流出するリスクがありません。必要に応じて社員も Azure AD B2C に登録してください。

[Azure AD B2C]

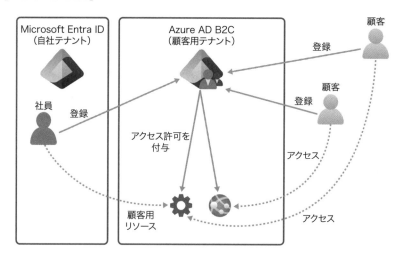

9-5　条件付きアクセス

ユーザーの利用環境によって、認証を制限したい場合、「Microsoft Entra条件付きアクセス」を使うことでさまざまな制限を設定できます。たとえば、社内ネットワークからの利用では多要素認証を不要にしたり、指定されたプラットフォーム（Windows、macOS、Android、iOSなど）からのアクセスのみを許可したりできます。

第9章 Azure の ID 管理

1　条件付きアクセスの必要性

　すべてのユーザーが、常に同じセキュリティ状態であるとは限りません。たとえば、インターネットからアクセスしている場合は多要素認証が必要ですが、社内からアクセスしている場合は単一要素でよいとか、海外からアクセスする場合は顧客管理アプリケーションにアクセスしてはならない、といった制御をしたい場合があります。

　このようなときに役に立つのが **Microsoft Entra 条件付きアクセス**です。条件付きアクセスは Entra ID P1 または P2 のライセンスが必要です。

試験対策　「Microsoft Entra 条件付きアクセス」は、Microsoft Entra ID P1 または P2 のライセンスが必要です。無料版では利用できません。

2　条件付きアクセスの評価ステップ

条件付きアクセスは、以下の3つのステップで評価されます。

① **シグナル**…サインインしている場所やユーザーの環境を評価します。
② **決定**…シグナルに基づいてサインインの可否や追加作業の有無を決定します。
③ **実施**…決定した操作を実行します。

[条件付きアクセスの動作]

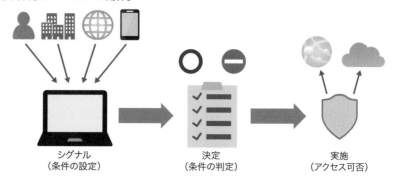

| シグナル
（条件の設定） | 決定
（条件の判定） | 実施
（アクセス可否） |

　条件付きアクセスの条件設定に失敗すると誰もサインインできなくなる場合があります。こうした事故が起きないよう、条件を設定したら「レポート専用」モードに設定し、意図した構成になっているかどうかをサインインログで確認してください。レポート専用モードでは上記の①と②のみが実行されます。

3　条件付きアクセスで設定可能なシグナル

設定可能な主なシグナルは以下のとおりです。

- **ユーザーまたはグループ**…特定のユーザーにだけ条件を設定します。
- **アプリケーション**…特定のアプリケーションにだけ条件を設定します。
- **ユーザー操作**…パスワード設定など、セキュリティ上、特に重要な作業を行う場合。
- **ユーザーリスク**…ユーザーのパスワード漏えいが検知された場合など、ユーザーアカウントにリスクがある場合。
- **サインインリスク**…短時間であり得ない距離を移動しているなど、ユーザーの利用環境にリスクがある場合。
- **場所**…特定の国や地域に対する条件を設定します。
- **デバイス**…デバイスの種類（iPhone か Android かなど）や属性を設定します。

このうち、ユーザーリスクとサインインリスクの評価は Microsoft Entra ID

P2 が必要です。無料版や P1 では機能が制限されます。

　これらの条件を組み合わせて判定した結果、以下のような決定が行われます。

- **アクセスのブロック**…サインインを拒否します。
- **アクセス権の付与**…サインインを許可します。

| **4** | **条件付きアクセスによるアクセス権付与** |

　アクセス権を付与する場合は、単に許可するだけではなくセキュリティを考慮した追加設定が可能です。よく使う設定には以下のものがあります。

- 無条件に許可
- 多要素認証を要求
- 今すぐパスワード変更を要求

条件付きアクセスで構成可能な例を示します。

- 特定の利用場所（国や地域）からアクセスしている場合は、重要なアプリケーションへのアクセスをブロックする
- 特定のアプリケーションを使用する場合は、多要素認証を必須とする
- セキュリティリスクのあるユーザーがサインインした場合は、パスワード変更を強制する（この設定には Microsoft Entra ID P2 が必要）

1 認証と承認（認可）に関する説明として、最も適切なものはどれですか。正しいものを 1 つ選びなさい。

    A.   認証とはユーザーが身元を証明するプロセスである

    B.   認証とは利用者に対して何かを実行する権限を付与する行為である

    C.   承認とはユーザーが身元を証明するプロセスであり、最初に行われるプロセスである

    D.   承認は認証の代わりに行われる操作であり、利用者に対して認証なしにリソースへのアクセス権限を付与することもできる

2 Microsoft Entra ID に関する説明として、最も適切なものはどれですか。正しいものを 1 つ選びなさい。

    A.   オンプレミス環境で ID およびアクセス管理に使用する

    B.   Microsoft 365 などの外部リソースへのサインイン機能などは備えていない

    C.   セルフサービスパスワードリセットの機能などは備えていない

    D.   クラウドベースの ID およびアクセス管理サービスを行う

3 オンプレミスの Active Directory ドメインサービス（AD DS）と互換性を持つ Azure のサービスはどれですか。1 つ選びなさい。

    A.   Azure Active Directory B2C

    B.   Microsoft Entra Connect

    C.   Microsoft Entra Domain Services

    D.   Microsoft Entra ID

4 Microsoft Entra ID が提供する「シングルサインオン（SSO）」の説明として、正しいものを 1 つ選びなさい。

A. SSO を利用できるのは、マイクロソフトが提供するサービスに限定される

B. SSO を利用できるのはシステム管理者だけである

C. 登録されたすべてのアプリケーションに、ユーザー名とパスワードが複製される

D. 認証は ID プロバイダーが行い、アプリケーションは ID プロバイダーが発行したトークンを利用してアクセスを許可する

5 スマートフォンからアプリケーションを利用する場合、多要素認証（MFA）で使用できる認証方法として、適切なものはどれですか。正しい組み合わせを 1 つ選びなさい。

A. Microsoft Authenticator アプリとユーザーが作成した「セキュリティの質問」

B. 認証パスワードと承認パスワード

C. パスワードと Microsoft Authenticator アプリ

D. パスワードとユーザーが作成した「セキュリティの質問」

6 Microsoft Entra ID が提供するパスワードレス認証について、正しく説明した文を 1 つ選びなさい。

A. パスワードを PIN コードに置き換えた認証

B. パスワードを使わず、スマートフォンなどの所有物認証と指紋などの生体認証などを組み合わせた認証

C. パスワードを使わず、個人メールアドレスにコードを送信する認証

D. プライマリ認証としてパスワードを PIN コードに置き換えた認証

7 Microsoft Entra ID で管理された Azure 上のサービスがあります。このアプリケーションをビジネスパートナーとともに利用したいと考えています。どのサービスを使うのが適切でしょうか。最も適切なものを 1 つ選びなさい。

    A.   Microsoft Entra B2B

    B.   Microsoft Entra Connect

    C.   Microsoft Entra ID

    D.   Microsoft Entra ID P2

8 Azure AD B2C が適した状況として、最も可能性が高いものを 1 つ選びなさい。

    A.   顧客向けアプリケーションのために認証を提供する

    B.   顧客 ID を社内用 Microsoft Entra ID に複製する

    C.   社内向けアプリケーションに認証を提供する

    D.   ビジネスパートナーに認証を提供する

9 Microsoft Entra ID で条件付きアクセスを利用するための要件として、正しいものを 1 つ選びなさい。

    A.   Microsoft Entra ID P1 以上の契約

    B.   Microsoft Entra ID で多要素認証を構成する

    C.   Microsoft Entra ID のすべてのプラン（無料版を含む）

    D.   Microsoft Entra IDを社内の Active Directory ドメインサービス（AD DS）と同期する

10 Microsoft Entra ID で条件付きアクセスを構成することで、利用可能な設定はどれですか。正しいものを 1 つ選びなさい。

A. Active Directory ドメインサービス（AD DS）認証に対して条件を構成する

B. Android または iPhone デバイスからアクセスした場合、通信データを暗号化する

C. 特定のデバイスからアクセスした場合、保存データを暗号化する

D. 特定の利用場所で多要素認証を必須とする

解答

1 **A**

認証はユーザーが身元を証明するプロセスで、承認（認可）は利用者に対して何かを実行する権限を付与する行為です。認証は承認の前に行う必要があります。

2 **D**

Microsoft Entra ID は、クラウドベースの ID およびアクセス管理サービスで、Azure のほか、Microsoft 365 などでも利用しています。オンプレミス環境での ID 管理に使う Active Directory ドメインサービス（AD DS）とは別物です。

3 **C**

Microsoft Entra Domain Services は、オンプレミスの Active Directory ドメインサービス（AD DS）と互換性を持つ Azure サービスです。Microsoft Entra ID はクラウドベースの認証サービスで、Microsoft Entra Connect はオンプレミス AD DS から Microsoft Entra ID への複製サービスです。また、Azure Active Directory B2C（Azure AD B2C）は顧客向けアプリケーションのための ID 管理システムです。

4 **D**

シングルサインオン（SSO）は、認証は ID プロバイダーが行い、アプリケーションは ID プロバイダーが発行したトークンを利用してアクセスを許可します。アプリケーションに ID 情報が複製されるわけではありません。Azure の SSO は業界標準に基づいているため、ベンダーに依存しません。SSO を利用するには、管理者がアプリケーションを登録する必要がありますが、利用するだけならシステム管理者以外でも可能です。

5　C

多要素認証（MFA）は、「知っているもの」としてパスワード、「持っているもの」として携帯電話やスマートフォン、「ユーザー自身」として指紋認証や顔認証などの生体認証が使えます。
スマートフォンでは、Microsoft Authenticator アプリによって所有を確認します。
「セキュリティの質問」で認証を行うことはできません。
「認証パスワード」や「承認パスワード」という考え方は存在しません。

6　B

Microsoft Entra ID が提供するパスワードレス認証は、パスワードを廃止して、所有物認証と生体認証の 2 つを組み合わせる方法です。知識認証としてスマートフォンなどの PIN コードも利用できますが、これはパスワードの単純な置き換えではありません。個人メールアドレスはセルフサービスパスワードリセットには利用できますが、サインインには利用できません。

7　A

Microsoft Entra B2B は、ビジネスパートナーを招待して自社の Microsoft Entra ID テナントの利用を許可します。これは Microsoft Entra ID に含まれる機能ですが、選択肢としては「Microsoft Entra B2B」が最も適切です。Microsoft Entra B2B を利用するために Entra ID P1 または P2 の契約は不要です。Microsoft Entra Connect は社内の AD DS からアカウント情報を複製する機能で、ビジネスパートナーに対して使うものではありません。

8　A

Azure AD B2C は、顧客向けアプリケーションで使うために、顧客 ID を登録する認証サービスです。社内向けアプリケーションに認証を提供するのは Microsoft Entra ID、ビジネスパートナーに認証を提供するのは Microsoft Entra B2B が一般的です。

9 **A**

Microsoft Entra ID で条件付きアクセスを構成するには、Entra ID P1 または P2 の契約が必要です。条件付きアクセスは、多要素認証の要不要を構成するときにも使われますが、多要素認証自体は必須ではありません。AD DS との同期も不要です。

10 **D**

Microsoft Entra 条件付きアクセスを使うと、特定のデバイス、利用場所（国や地域）、デバイスプラットフォームなどを使って、Microsoft Entra ID を使った認証の可否や多要素認証などの追加条件を設定できます。アプリケーションの動作には関与しないので、通信データや保存データの暗号化を制御することはできません。

Fundamentals

第10章

Azureのアクセス管理

10-1　ロールベースアクセス制御（RBAC）

ユーザーやグループによってAzureの操作権限を制限したいことがあります。たとえば、仮想マシンの作成や削除を特定のグループに割り当てたい場合です。Azureではこのような操作権限の割り当てをロールベースアクセス制御（RBAC）で構成します。

1　ロールベースアクセス制御（RBAC）の目的

ロールベースのアクセス制御（RBAC） は、Azure のリソースに対するアクセス管理（作成や閲覧などの権限）を制御する機能です。具体的には、指定した Microsoft Entra ID のユーザーやグループが実行可能な操作や管理範囲のスコープを割り当てることができます。

Azure のリソースに対するアクセス許可は非常に細かく設定されており、個別に割り当てるのは手間がかかる上、わかりにくくなります。そこで、アクセス許可をグループ化した「ロール（役割）」を利用します。

Azure には既定でいくつかのロールが定義されており、**組み込みロール（ビルトイン役割）** と呼んでいます。組み込みロールの権限は変更できませんが、ユーザーやグループに組み込みロールの権限を付与できます。適切な権限を持つ組み込みロールがない場合にはカスタムロールを作成することもできます。

[ロールベースのアクセス制御]

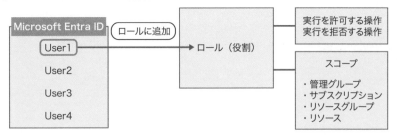

278

[アクセス制御（IAM）の構成画面]

2　RBACの適用範囲

　RBAC が設定できる場所を上位から下位（広い範囲から狭い範囲）に並べると以下のようになります。それぞれの基本的な役割は第 5 章を参照してください。

- ・管理グループ
- ・サブスクリプション
- ・リソースグループ
- ・リソース

　上位で設定した RBAC は下位に継承されます。たとえば、サブスクリプションに対して設定した RBAC はサブスクリプション内の全リソースグループと各リソースグループに登録された全リソースに影響します。管理グループが階層を作っている場合、上位で設定した RBAC は下位に継承されます（同じ権限が引き継がれます）。

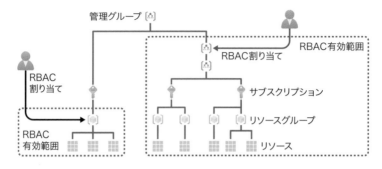

Azureでは複数のサービスが連携して動作することがよくあります。連携して動作するサービスを1つのリソースグループにまとめることで、RBACの設定が単純化されます。たとえば、複数のWebサーバーを使ってスケールアウト可能なサービスを構成する場合、一般には以下のようなリソースが必要です（主なもののみ）。

・ 複数の仮想マシンとディスク
・ 単一の仮想ネットワーク

このとき、すべての仮想マシンとディスクを同じリソースグループに配置し、リソースグループに管理者役割を設定すると、個々の仮想マシンの管理者役割を個別に設定する必要がなくなります。ネットワーク管理者と仮想マシンの管理者が違う場合は、両者を別のリソースグループにすることもできます。

[リソースグループの構成例]

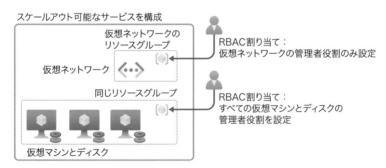

RBAC を使うと、サブスクリプションやリソースグループ単位でロールを割り当てることができるので、サブスクリプションやリソースグループを管理の単位として利用できます。

3　RBACの利点

RBAC と Microsoft Entra ID を使うことで、Azure のリソースの利用権限を柔軟に変更できます。例を挙げて説明しましょう。

ある会社に1つの開発プロジェクトがあるとします。この開発プロジェクトでは Azure のさまざまなリソースを使いますが、プロジェクトメンバーの役割に応じてできる操作が違います。そこで、以下の3つのロールを設定しました。各役割は「組み込みロール」として、最初から定義されています。

- **所有者**…すべての操作が許可されます。
- **共同作成者**…リソースの追加・変更・削除・読み取りなど、ほとんどの作業が可能ですが、セキュリティ設定の変更はできません。
- **閲覧者**…読み取りだけが許可され、追加・変更・削除はできません。

Azure では、組み込みロールが多数用意されているため、独自のロールを作成する必要はほとんどありません。独自のロール（カスタムロール）を作ることも可能ですが、それほど一般的ではありません。ここで紹介した「所有者」「共同作成者」「閲覧者」も定義済みの役割（組み込みロール）です。

プロジェクトには多数のメンバーがいますが、ここでは以下の2名だけを考えます。

- **ヨコヤマ**…開発1課のマネージャー兼メンバー
- **イマムラ**…開発2課のメンバー

プロジェクトは開発1課が主導しており、責任者は開発1課のマネージャーが担当します。マネージャーはヨコヤマさんなので、ヨコヤマさんにはプロジェクトが使っているリソースグループの所有者のロールを与えます（図［RBAC の

利点(1)])。しかし、これでは人事異動があった場合に困ります。ほとんどの場合、1つのプロジェクトは複数のリソースグループで構成されているため、リソースグループの数だけロールの変更を行う必要があるからです（図［RBACの利点(2)]）。ロールを個人に与えるのではなく、グループに与えることでこの問題は解決します。人事異動があっても、グループのメンバー変更を1回行うだけで、すべてのリソースグループのロールが新しいメンバーに反映されます(図［RBACの利点（3)]）。

[RBACの利点（1）]

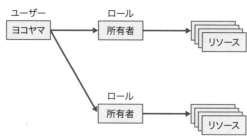

[RBACの利点（2）]

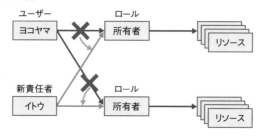

[RBACの利点（3）]

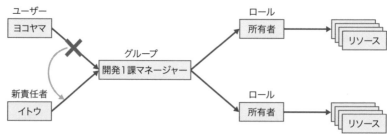

　RBAC によって、部署単位でのロールの変更にも対応しやすくなります。たとえば、開発 1 課が主導するプロジェクトのリソースに対し、開発 2 課からも閲覧可能にしたい場合が考えられます。このようなときは、開発 2 課のメンバーが所属するグループに対して、各リソースグループの閲覧者のロールを与えます。リソースグループが複数ある場合、それぞれに対して設定する必要はありますが、比較的少ない労力でロールを追加できます。

[RBACの利点（4）]

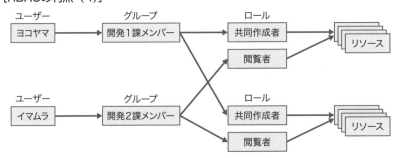

　なお、1 人のユーザーに複数のロールが割り当てられていた場合は、割り当てられたすべてのロールを持つことになります（累積します）。

　RBAC の組み込みロールのうち、特に重要なものが「所有者（すべての操作を許可）」、「共同作成者（セキュリティ設定以外の操作が可能）」、「閲覧者（読み取りのみ許可）」です。

　リソースグループを入れ子にする（リソースグループのメンバーにリソースグループを追加する）ことはできません。また、グループの入れ子（グループのメンバーとして別のグループを指定すること）は可能ですが、ロールが引き継がれません。いずれかが可能なら、本文で紹介した「部署単位でのロールの変更」にも柔軟に対応できるようになりますが、現状ではロールの追加や変更はリソースグループの数だけ行う必要があります。サブスクリプション全体に対してロールを割り当てることは可能ですが、必要以上に多くの権限を与えてしまうかもしれません。

Azureでは多くのセキュリティ機能を組み合わせて使用できます。
それは「1つの機能ですべてを保護する」ことができないためです。
攻撃に対して階層的に防御を行う方法を「多層防御」と呼びます。
Azureにおけるセキュリティ対策は、この多層防御の概念を基本と
しています。

1　多層防御の考え方

多層防御（Defense in Depth）とは、攻撃に対して階層的に防御を行うこ
とで、機密情報（データ）への被害を最小にするというアプローチです。「深層
防御」と訳される場合もあります。

コラム　多層防御はもともと軍事分野での防衛戦略として考案されました。
英語では同じDefense in Depthですが、軍事分野では「縦深防御（じゅうしん）」
と訳されることが多いようです。

　第7章で説明したように、Azureではネットワークに関する多くのセキュリ
ティサービスが提供されています。さらに、ネットワーク以外を対象としたセ
キュリティ機能も多数存在しています。こうした機能を組み合わせて使うこと
で、さまざまなリスクからデータを保護できます。

　ネットワークの安全性を確保するとき、「安全な内部」と「危険な外部」の2
つに分け、その境界を1か所で厳重に防御する方法もあります。これを「単一
境界防御」と呼びます。単一境界防御はわかりやすいのですが、防御層が1つ
しかない場合、万一そこが突破されると手遅れとなる可能性もあります。その
ため、複数の方法を合わせて多層化することで、1つの層が突破されても別の方
法で防御しようというのが多層防御の考え方です。

　多層防御の階層としてはさまざまなモデルが提案されていますが、マイクロ
ソフトではこれを7つの層（レベル）に区分しています。次の図は、マイクロ

ソフトの多層防御セキュリティモデルで定義されている各層を示しています。

[多層防御のセキュリティモデル]

物理セキュリティ
IDとアクセス
境界ネットワーク
内部ネットワーク
コンピューティング
（サーバー）
アプリケーション
データ

　各層の定義の詳細は、組織のセキュリティ基準やビジネス要件に基づいて変更しても構いません。以下に、各層の脅威（セキュリティ侵害の可能性）、脆弱性（セキュリティ侵害の原因）、リスク（セキュリティ侵害の結果として発生する損害の可能性）について説明します。

2　データ層

　データ層の脅威には、データの漏えいや改ざん、破壊などが含まれます。具体的には、社員や顧客の個人情報の流出（コンプライアンス違反のリスク）、社外秘の業務データの流出（ビジネス上のリスク）、Web サイトの改ざん（信用失墜のリスク）などが含まれます。

　データ層の脆弱性は、システム構成に由来するものと、運用に由来するものがあります。システム構成に由来するものは、サーバー層やネットワーク層に根本的な原因があるため、データ層では考慮しません。運用に由来するものとしては「適切なセキュリティ設定を怠った」「誤ってデータアクセス用のパスワードを公開した」などの事案が考えられます。運用に由来する脆弱性は、基本的には利用者の責任となります。

3 　アプリケーション層

　アプリケーション層の脅威には、アプリケーションが扱うデータの不正な取得、実行ファイルの不正な変更、アプリケーションを介したサーバーへの不正アクセスなどが含まれます。いずれの脅威も、データの不正取得やサーバーの動作停止のリスクにつながります。

　アプリケーション層の脆弱性は、入力データに対して適切な検査が行われていないことや、アプリケーションが利用するミドルウェアの脆弱性が主な原因となります。たとえば、異常に長い文字列を送り付けてシステムを停止させたり、想定外の文字列を入力してアプリケーションを不正利用する事例が存在します。

　アプリケーション層の脆弱性は基本的には利用者（アプリケーション開発者）の責任ですが、PaaS の場合のミドルウェアや OS の保守はクラウドプロバイダー（Azure の場合はマイクロソフト）の責任となります。

アプリケーション層の代表的な脆弱性は、入力データのサイズチェックや、入力文字の検査を怠ることで発生します。たとえば、入力データとして 100 文字しか想定していないのに 1 万文字が入力された場合、あふれたデータにより実行中のプログラムが破壊されることがあります。この場合、100 文字を超える文字列が入力されたらエラーを表示すべきです。
このように、アプリケーションが想定していた以上のデータを送り付けることでデータ領域（バッファ）をあふれさせ、プログラム領域まで攻撃する手法を「バッファオーバーフロー攻撃」と呼びます。

4 　コンピューティング層（サーバー層）

　アプリケーションを実行しているサーバー機能を提供しているのが**サーバー層**です。ほとんどのパブリッククラウドでは、ネットワーク機能やデータ保存機能もサーバー上のソフトウェアで実現しています。混乱を避けるため、一般的なサーバー機能を提供する階層を**コンピューティング層**と呼ぶことが多いようです。コンピューティング層の脅威には、マルウェア（ウイルスなどの悪意を持ったプログラム）の侵入を含む不正なプログラムの実行が含まれます。マルウェアが引き起こす主なリスクとしては、データの不正アクセスや実行プログラム（特

に管理ツール）の不正利用が挙げられます。

　マルウェアの侵入経路の多くは OS の脆弱性を利用したものです。ただし、コンピューティング層（サーバー層）の脆弱性の多くは OS のベンダー（Windowsの場合はマイクロソフト）が提供する修正プログラムを適用することで解消されます。多くのマルウェアは少し古い脆弱性を狙って侵入するため、OS を最新の状態にするだけでかなりの被害を防げます。

　Azure の場合、物理サーバーの構成や仮想マシンの動作基盤（Hyper-V）など、Azure の動作基盤部分でのリスクはマイクロソフトの責任です。しかし、仮想マシンとして動作する Windows や Linux の保守は利用者の責任です。IaaS の場合、マイクロソフトは利用者が作成した仮想マシンの初期展開をするだけで、最新の更新プログラムの適用は利用者の責任となります。一方、App Service やFunctions などの PaaS の場合、その動作基盤である OS の保守はマイクロソフトの責任となります。責任の境界点については、「3-8　共同責任モデル（責任共有モデル）」も参照してください。

試験対策　コンピューティング層の責任は、Azure 全体の動作基盤と PaaS の動作基盤がマイクロソフト側にあり、PaaS 上で動作するアプリケーションや IaaS（仮想マシン）の OS の構成が利用者側にあります。

5　内部ネットワーク層

　内部ネットワークにおける脅威には、不正な接続や機密データの盗聴などがあり、そのまま情報漏えいのリスクにつながります。

　Azure の場合、内部ネットワークは Azure 内の仮想ネットワークであり、利用者が適切な設定をしている限り、そのリスクはマイクロソフトに責任があります。しかし、現実には設定ミスで内部ネットワークをインターネットにさらしてしまい、サーバーの侵入を許すことも多いようです。この場合の責任は、利用者にあります。たとえば不適切なネットワークセキュリティグループ（NSG)の設定は利用者の責任です。

6 　　　境界ネットワーク層

　境界ネットワーク層に関連する脅威には、DDoS 攻撃(サービス停止リスク)や、外部ネットワーク（たとえばインターネット）からの不正アクセス（情報漏えいリスク）があります。境界ネットワーク層の攻撃は、TCP ポートと UDP ポートに集中しており、特に Web サーバーが使う TCP ポート 80 番への攻撃が目立ちます。

　Azure の場合、境界ネットワーク層は仮想ネットワークとインターネットの接続点であり、その責任は原則としてマイクロソフトにあります。ただし、Azure Firewall などを使って境界ネットワークを利用者が管理している場合は、利用者に構成上の責任があります。もちろん、Azure Firewall 自体の脆弱性はマイクロソフトの責任となります。

試験対策　境界ネットワークや Azure Firewall 自体の脆弱性はマイクロソフトの責任です。構成上の問題は利用者の責任です。

7 　　　ID とアクセス層

　ID による認証と承認は、最近注目されるようになった新しい境界です。以前は「インターネットからアクセスしているクライアントは信頼できない」「社内ネットワークからのアクセスは信頼できる」という単純な区別が行われていました。しかし、クラウドサービスの多く、特に大半の SaaS はインターネット上のクライアントがインターネット上のサービスにアクセスしていますが「信頼できない」とは考えられていません。それは、適切な ID 認証が行われ、適切なアクセス承認が行われているからです。

　このように、クラウドベースのアプリケーションでは ID とアクセス管理がセキュリティ境界の 1 つとして位置付けられます。

　ID とアクセス層の脅威は不正なサインインによる「なりすまし」があります。特にシステム管理権限を持つユーザーのなりすましは、システム全体に対する脅威となり、データの漏えいやシステムの破壊など多くのリスクが発生します。

ID とアクセス層は ID プロバイダーによって管理されているため、基本的には脆弱性に対する責任はユーザーにはありません。しかし、不適切な設定を行うことによって脆弱性を作り出す可能性はあります。たとえば、システム管理者のアカウント名とパスワードが複数の社員によって共有されている場合で、多要素認証を利用していない場合は脆弱性となり得ます。

8　物理セキュリティ層

物理セキュリティ層における脅威は、攻撃者が物理マシンなどのハードウェアに対して直接アクセスすることです。ハードウェアへの物理的なアクセスは、ネットワーク層をすべて迂回して攻撃できるため大きなリスクがあります。

Azure のデータセンターは多層防御の概念に基づき、事前申請→施設玄関→建物内部→データセンター各階といったレベルで多層的に保護されます。これにより、物理的な脆弱性を最小限に抑えています。

Azure における物理セキュリティは、マイクロソフトの責任となります。

試験対策　Azure のデータセンターに対する物理的な防御はマイクロソフトの責任です。

9　多層防御の適用例

一般に、情報セキュリティで最も重要なものはデータです。サーバーに侵入を許しても、データの漏えいも破壊もなく自由にアクセスできる場合、直接的なビジネス被害は最小限に抑えられます。多層防御セキュリティモデルでは、保護すべきデータを最終段に置き、そこに至るまでに何層もの保護を行います。万一、1 つの層が侵害された場合でも、後続の層が配置されているため、それ以上の侵入を防いだり、侵入までの時間を遅らせたりすることが可能です。

たとえば、第 7 章で説明したように Azure Firewall によって境界ネットワーク層を保護し、ネットワークセキュリティグループ（NSG）によって内部ネットワーク層を保護します。Azure Firewall と NSG は重複する機能も含まれます

が、両者を併用することで、ネットワークセキュリティが多層化して、より強固なものになります。

　Azure Firewall は複数のサブスクリプションと複数の仮想ネットワークにまたがった保護を実現します。構成が複雑な分、高度な保護機能を持ちます。一方、NSG では、個々の仮想ネットワーク内においてリソースへのトラフィックを保護します。構成が単純な分、保護機能も限定的です。

　外部から着信したデータはまず Azure Firewall でフィルタリングされます。仮に攻撃者が Azure Firewall を突破したとしても、次に NSG による保護を突破する必要があります。

[ネットワークセキュリティグループとAzure Firewall]

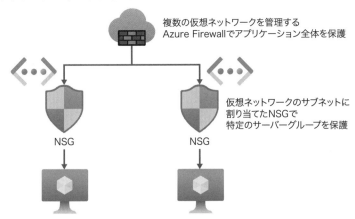

複数の仮想ネットワークを管理する
Azure Firewallでアプリケーション全体を保護

仮想ネットワークのサブネットに
割り当てたNSGで
特定のサーバーグループを保護

NSG　　　　　NSG

試験対策

多層防御は、どこか1か所で防御するのではなく、さまざまな脅威に対して多層的な対策をとるという考え方です。「境界の内側は安全、外側は危険」という発想ではありません。

10-3　ゼロトラスト

セキュリティに関する最近の考え方は「決して信頼せず、常に確認する」という「ゼロトラスト」に移行しつつあります。Azureでもゼロトラストの考え方が導入されています。

1　ゼロトラストの導入

　マイクロソフト製品に多層防御の考え方が本格的に導入されたのは 2004 年頃です。このときは「信頼するが検証する (Trust but Verify)」という考え方でした。つまり、何重にも防御するものの、いったん防御エリアに入ったら信頼してよいという発想です。

　ゼロトラストの考え方は 2010 年頃に登場しました。このときの考え方は「決して信頼せず、常に確認する (Never Trust, Always Verify)」というもので、防御エリアに入ったからといって無条件には信頼せず、常に確認する仕組みです。

2　ゼロトラストの基本原則

ゼロトラストの基本は、以下の 3 つの原則です。

- **明示的に検証する**…あらゆる操作に対して常に認証と承認を行う
- **最小特権の原則**…必要以上に大きな権限を与えない
- **侵害を想定する**…たとえセキュリティ侵害を受けても、影響が最小限に留まるようにネットワークなどを分離する

　このうち、最も重要な原則が「明示的に検証する」です。Azure では、Microsoft Entra ID を使って本人かどうかの検証（認証）や、アクセスが許可されているかどうかの検証（承認）を管理します。承認するかどうかはアクセスされるリソース側の判断ですが、Microsoft Entra ID はそのための基本基盤を提

供します。

　従来のアプローチは「信頼するが検証を行う（Trust but Verify）」です。たとえ多層防御を実装していたとしても、いったん確認が終われば無条件に信頼されます。たとえば、ユーザーが内部ネットワークにアクセスできている場合は、その前提となる境界ネットワークアクセスの確認や ID 認証も成功しているはずだと考えます。

[従来のアプローチ]

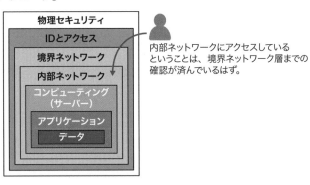

しかし、ゼロトラストでは、あらゆる状況で検証を行います。たとえば Microsoft Entra ID の既定値では、ユーザーがパスワードを自分で変更する場合、普段は多要素認証を使っていないアカウントでも、多要素認証を強制されます。パスワードの変更ができるのはサインインが完了している場合に限られるので、本来なら再確認は不要なはずです。しかし、一時的に席を外した隙に他人に操作されるような状況も考慮して、念のためもう一度本人確認が行われます。

[ゼロトラストの考え方]

事前に設定したポリシーに従って常に確認を行う

　このとき、何をどのように確認するかというポリシーを提供するのは
Microsoft Entra ID の役割です。Microsoft Entra ID は、単にユーザー認証を提
供するだけではなく、条件付きアクセスを利用することで、利用しているデバ
イスやアプリケーションの情報を使ってアクセスの可否を判定できます。

　もちろん、多層防御モデルに基づいて、Microsoft Entra ID に依存しないセキュ
リティ機能、たとえばネットワークセキュリティグループ（NSG）や Azure
Firewall の機能も併用できます。

試験対策

ゼロトラストの基本原則は以下の 3 点です。

・明示的に検証する
・最小特権の原則
・侵害を想定する

コラム

「Trust but Verify」はもともとロシアのことわざで、1980 年代の米ソ
軍縮交渉の姿勢として有名になりました。

セキュリティ管理は監視すべき項目が多く、複雑なシステムでは見落としが発生しがちです。そこで用意されたのが、統合セキュリティ管理システム「Microsoft Defender for Cloud」です。Microsoft Defender for Cloudには、クラウドとオンプレミスのハイブリッド構成システム全体を保護する高度なセキュリティ機能があります。

1　Microsoft Defender for Cloud概要

　Microsoft Defender for Cloud には、セキュリティに関する取り組み（態勢）全体を監視する機能と、クラウド上の個々のサービス（ワークロード）を制御する機能があります。態勢監視機能は単に起動するだけで最新のセキュリティ評価を参照できるので、定期的に利用することをお勧めします。

[Microsoft Defender for Cloud]

Microsoft Defender for Cloud は次の2つのレベルで使用できます。

・**Free レベル（無料版）**…基本的なセキュリティ態勢管理機能を持ち、Azure、AWS（Amazon Web Services）、Google Cloud に対して、セキュリティに関する評価や推奨事項を提供します。ただし、公的基準に基づいた規制コンプライアンスの評価や、サーバーやデータベースなどの Azure サービスを保護する機能（ワークロード保護機能）は含みません。

・**Defender レベル（有償版）**…無料版の機能に加えて、各種の規制コンプライアンスに基づくセキュリティ態勢評価や、攻撃に対する分析機能を提供します。また、ワークロード保護機能も提供します。

Azure のドキュメントや MCP 試験問題には「ワークロード」という言葉がよく登場します。「ワークロード」は、マイクロソフトが公開している Azure の設計ガイドライン「Azure Well-Architected Framework」では「定義されたビジネス成果を達成するために一緒に機能するアプリケーションリソース、データ、サポートインフラストラクチャのコレクション」と定義されています。少しわかりにくい表現ですが、要するに「サーバーの機能」と思って問題ありません。

Microsoft Defender for Cloud の有償契約は、保護対象ごとに決められた価格で従量課金が行われます。ただし、契約後30日間はすべての機能を無料で利用でき、その後も不要であればいつでも保護を解除して Free レベルと同等の設定に戻せます。

Microsoft Defender for Cloud を契約するには、サブスクリプションの所有者、共同作成者、またはセキュリティ管理者のロール（役割）が割り当てられている必要があります。ロールについては「10-1　ロールベースアクセス制御（RBAC）」で説明しました。

Microsoft Defender for Cloud の機能は、クラウドセキュリティ態勢管理とワークロード防御の2つに大別され、それぞれ以下の機能が含まれます。

● クラウドセキュリティ態勢管理（Cloud Security Posture Management：CSPM）
　・ セキュアスコア
　・ 規制コンプライアンス

● ワークロード防御
　・ セキュリティアラート
　・ Just-In-Time 仮想マシンアクセス機能
　・ その他 Azure リソースのセキュリティ管理

また、Azure 以外のリソースを保護することもできます。

2　セキュアスコア（セキュリティスコア）

セキュリティ態勢管理の主な目的は、次の 2 つです。

　・ 現在のセキュリティ状況を把握すること
　・ 将来のセキュリティを向上させること

　これらの目的をより簡単に達成できるように提供されているのが、**セキュアスコア**です。セキュアスコアは**セキュリティスコア**と表記されることもあります。
　Microsoft Defender for Cloud は、サインインしたユーザーが利用できるすべてのサブスクリプションを自動的に評価し、評価結果を 1 つのセキュアスコアに集約します。セキュアスコアはパーセンテージで表示され、100% に近いほどリスクレベルが低いと考えられます。
　セキュアスコアは、あらゆるリスクをすべて評価するわけではありませんが、一般的なリスクを簡単に把握できるため、Azure 管理者は定期的に確認しておくべきです。セキュアスコアを確認するには「Microsoft Defender for Cloud」から「セキュリティ態勢」を選択します。

[セキュアスコア]

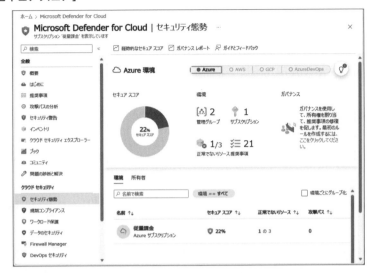

試験対策

Microsoft Defender for Cloud は、Azure のセキュリティ情報を一元
管理するツールです。

参考

Microsoft Defender for Cloud は、以前は「Azure セキュリティセン
ター」と呼ばれていました。

参考

セキュアスコアは、Microsoft Defender for Cloud を起動するだけで
ひと目でわかるように表示されます。Free レベルでもある程度の機
能は利用できるため、普段から参照する習慣を付けてください。

3　規制コンプライアンス

　規制コンプライアンスは、各種のセキュリティコンプライアンス標準に対す
る準拠度を簡単に評価してくれる機能です。一般的なコンプライアンス標準に
は運用規則が含まれるため、スコアだけでコンプライアンス標準への準拠は保

第**10**章　Azure のアクセス管理

証されませんが、一定の目安になります。

　規制コンプライアンスの全機能を利用するには、Defender レベルが必要です。
Free レベルの場合はマイクロソフトが定義したガイドラインの評価のみが可能
です。マイクロソフトが定義した評価基準はセキュアスコアの判定に使われて
います。

[規制コンプライアンス]

マイクロソフトの評価基準（Microsoft cloud security benchmark）のほか、PCI
DSS 4（クレジットカード業界の基準）とISO 27001:2013（国際セキュリティ基準）
が表示されている

試験対策

規制コンプライアンスで業界標準に基づいた評価を行うには、
Defender レベルの Microsoft Defender for Cloud が必要です。

参考

コンプライアンス標準は、単に技術的な要件だけでなく、運用体制
も含まれます。一方、Microsoft Defender for Cloud は技術的な観点
からの評価をします。そのため、Microsoft Defender for Cloud の評
価で基準を満たしたからといって、実際のコンプライアンス標準を
満たすとは限りません。

4 セキュリティアラート（警告）

Microsoft Defender for Cloud では、さまざまなリソースに対する各種のアラート（警告）機能を利用できます。アラート機能そのものは Free レベルでも利用できますが、さまざまな Azure リソースからの高度な情報を受け取るには Defender レベルが必要です。Defender レベルを有効にすることで、ネットワークトラフィックの監視情報や、各種のログデータ、マイクロソフトが持つ脅威データ分析情報が利用できるようになります。Azure に展開されたリソースのほか、オンプレミス環境やハイブリッドクラウド環境のログ情報を自動解析してアラートを発生させることも可能ですが、そのためには、監視対象にログを記録するエージェントプログラムをインストールする必要があります。このエージェントは、Azure 上の仮想マシンの場合は自動インストールできますが、その他のサーバーに対しては Azure Arc を構成する必要があります。Azure Arc については第 13 章で説明します。

第10章 Azure のアクセス管理

［脅威の特定］

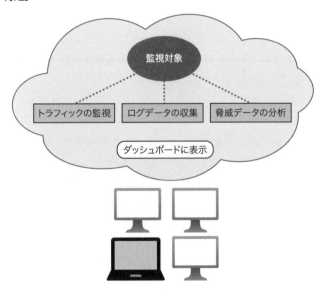

場合によっては大量のアラートが生成され、管理者が混乱することがあります。そのため、Microsoft Defender for Cloud はアラートに優先順位を付け、必要な情報とともに一覧表示してくれます。また、攻撃を避けるための推奨修復手順も提供され、単純な構成変更で対応できる場合は、ワンクリックで修復するためのリンクが提示されます。

試験対策　セキュリティアラートは、セキュリティ関連の問題が見つかった場合に、管理者にアラート（警告）を通知します。

5 Just-In-Time仮想マシン（JIT VM）アクセス機能

　Azure で作成した仮想マシンは、インターネット経由でリモート接続して管理します。このとき、仮想マシンが Windows の場合は主にリモートデスクトップ接続（RDP 接続とも呼ぶ）を使い、Linux の場合は SSH 接続を行います。しかし、対象となる仮想マシンにいつでもどこからでもアクセスできるというのは、セキュリティ上好ましい状態とはいえません。

　Microsoft Defender for Cloud の Defender レベルでは、個々の仮想マシンに対して管理用アクセスを制限する **Just-In-Time 仮想マシン（JIT VM）アクセス機能**を有効にできます。

　JIT VM が有効な仮想マシンは、ネットワークセキュリティグループ（NSG）によって管理用ポート（リモートデスクトップ接続や SSH 接続など）が自動的に遮断され、インターネットからはもちろん、Azure 仮想ネットワークからもまったくアクセスできなくなります。管理作業をする場合は、以下の手順が必要です。

① Azure 管理ツールで、アクセス権を要求する
② 管理作業を要求する PC の IP アドレスを指定する
③ 指定した IP アドレスからのアクセスが許可される。ただし、一定時間（既定では 3 時間）経つと新規接続はできなくなる

　つまり、JIT VM を有効にすることで、次の点でセキュリティが向上します。

・Azure 管理者だけが、仮想マシンの管理作業を許可できる
・指定した IP アドレスからのアクセスだけが許可される
・一定時間に限定してアクセスが許可される

試験対策　JIT VM 機能を使うと、Azure 管理者の承認があった場合にのみ仮想マシンに接続できます。

6　　その他Azureリソースのセキュリティ管理機能

そのほかにも Microsoft Defender for Cloud には多くのセキュリティ管理機能が備わっています。以下はその例です。

・**仮想マシン脆弱性評価**…稼働中の Azure 仮想マシンを調査し、脆弱性を評価します。
・**他社パブリッククラウドの評価**…AWS や Google Cloud など、他社のセキュリティを評価します。この機能は対象となるクラウドの管理者アカウント情報が必要です。
・**オンプレミス環境の評価**…Azure Arc を利用することで、オンプレミスサーバーのセキュリティを評価します。Azure Arc については第 13 章で説明します。

試験対策　Microsoft Defender for Cloud は、Azure だけでなく AWS や Google Cloud などの他社クラウド、Azure Arc を使ったオンプレミスサーバーも評価対象にできます。

第**10**章

Azure のアクセス管理

1 既定のロールで閲覧者が実行可能な操作は次のうちどれですか。正しいものを 1 つ選びなさい。

A. リソースの作成

B. リソースの変更

C. リソースの削除

D. リソースの読み取り

2 リソースグループ RG1 に対して「共同作成者」のロールをユーザー User1 に与えました。次に、RG1 に仮想ネットワークリソース VNET1 を作成しました。ユーザー User1 が VNET1 に対して実行可能な操作は次のうちどれですか。正しいものをすべて選びなさい。

A. リソースの変更

B. リソースの削除

C. リソースの読み取り

D. リソースのセキュリティ設定の変更

3 ロールベースのアクセス制御を使って、スケールアウトされた Web サーバーの管理者権限を割り当てます。どこに割り当てますか。最も一般的なものを 1 つ選びなさい。ただし、Web サーバー以外のリソースについては管理者権限を割り当てたくありません。

A. 管理グループ

B. サブスクリプション

C. タグ

D. リソースグループ

4 Azure のロールベースアクセス制御を設定できる場所をすべて選びなさい。

    A.   管理グループ

    B.   サブスクリプション

    C.   タグ

    D.   リソース

    E.   リソースグループ

5 Azure における情報セキュリティ管理の基本的な考え方として、適切なものを1つ選びなさい。

    A.   Azure が提供するサービスを適切に組み合わせれば、利用者のセキュリティ意識に依存しない、安全なシステムが構成できる

    B.   どこか1か所で防御するのではなく、何重もの防御機能を実装すべきである

    C.   ネットワークを「安全な社内」と「リスクの高いインターネット」に分割し、中継ポイントで強固なセキュリティシステムを構築する

    D.   求められるセキュリティレベルに応じて、Azure の適切なサービスを1つ選んで実装する。複数のサービスを選択する必要はない

6 ユーザーの情報に基づいたセキュリティ境界として利用可能な Azure サービスを1つ選びなさい。

    A.   Azure Firewall

    B.   Microsoft Defender for Cloud

    C.   Microsoft Entra ID

    D.   ネットワークセキュリティグループ（NSG）

第10章 Azure のアクセス管理

7 「ゼロトラスト」について、正しく説明した文を 1 つ選びなさい。

A. どのような信頼も仮定しないが、いったん信頼を検証すれば、それ以降は常にアクセスを許可する

B. どのような信頼も仮定せず、常に暗黙のうちに検証される

C. どのような信頼も仮定せず、常に検証が行われるため、侵害は想定していない

D. どのような信頼も仮定せず、常に明示的に検証する

8 Microsoft Defender for Cloud の「セキュアスコア」について正しく説明した文を 1 つ選びなさい。

A. マイクロソフトが定義した一般的なセキュリティ基準に基づいた評価

B. マイクロソフトを含むパブリッククラウド提供者が共同策定したセキュリティ基準に基づいた評価

C. 利用者が選択した公的セキュリティ基準に基づいた評価

D. 利用者が定義したセキュリティ基準に基づいた評価

9 Microsoft Defender for Cloud で利用可能なセキュリティ機能について、正しい文を 1 つ選びなさい。

A. 基本的なセキュリティ評価は無料で利用できるが、ワークロード保護は有償契約が必要

B. すべての機能が無料で利用できる

C. すべての機能が有償で、機能ごとに個別の価格が設定されている

D. ワークロード保護は無償で利用できるが、基本的なセキュリティ評価と規制コンプライアンスの評価は有償契約が必要

10 **Azure に Windows 仮想マシを作成し、Just-In-Time VM アクセス機能を有効にしたところ、RDP によるリモートデスクトップ接続（RDP 接続）ができなくなりました。RDP 接続に必要な操作を 1 つ選びなさい。**

A. Azure Firewall を構成し、RDP 接続を許可する

B. Azure 管理ツールで、アクセス権を要求する

C. Azure 仮想マシンが配置されている仮想ネットワークに対して VPN 接続を構成する

D. Azure 仮想マシンを再起動する

1 D

「閲覧者」は読み取りのみが可能です。作成、変更、削除はできません。

2 A、B、C

リソースグループに設定したロールは、リソースに継承されます。また、「共同作成者」ロールは、リソースの変更・削除・読み取りが可能ですが、セキュリティ設定の変更はできません。

3 D

複数のリソースの管理者権限を割り当てるためによく使われるのはリソースグループです。管理グループやサブスクリプションでは、サブスクリプション全体に権限が割り当てられてしまいます。タグにロールベースアクセス制御（RBAC）を割り当てることはできません。

4 A、B、D、E

Azure のロールベースアクセス制御（RBAC）は、管理グループ、サブスクリプション、リソースグループ、リソースのいずれかに設定できます。タグに設定することはできません。

5 B

あらゆるリスクを想定し、IT システムは何重もの防御機能を実装すべきです。これを「多層防御」と呼びます。そのためには、Azure の複数の機能を組み合わせる必要があります。また、利用者のセキュリティ意識が低い場合は、重大なセキュリティ事故を起こす可能性があるので、実際の運用ではセキュリティ教育も必要です。

6 **C**

ID プロバイダーによって認証された ID はセキュリティ境界として機能します。Microsoft Entra ID はクラウドベースの ID プロバイダーで、認証とアクセス管理を提供します。Azure Firewall やネットワークセキュリティグループはネットワーク情報に基づいたセキュリティ境界で、ID には基づいていません。Microsoft Defender for Cloud にはさまざまなセキュリティ機能が含まれますが、それ自体はセキュリティ境界として機能しません。

7 **D**

ゼロトラストは「どのような信頼も仮定しない」という考え方です。その基本は、以下の3つの原則です。

- **明示的に検証する**…あらゆる操作に対して常に認証と承認を行う
- **最小特権の原則**…必要以上に大きな権限を与えない
- **侵害を想定する**…たとえセキュリティ侵害を受けても、影響が最小限に留まるようにネットワークなどを分離する

8 **A**

Microsoft Defender for Cloud のセキュアスコアは、マイクロソフトが定義した一般的なセキュリティ基準に基づいた評価を提供します。公的セキュリティ基準に基づいた評価は「規制コンプライアンス」として提供されます。

9 **A**

Microsoft Defender for Cloud は、基本的なセキュリティ評価は Free レベルとして無料で利用できますが、規制コンプライアンスの評価とワークロード保護は有償契約の Defender レベルが必要です。

第**10**章 Azure のアクセス管理

Microsoft Defender for Cloud で Defender レベルの契約をすると、Just-In-Time 仮想マシンアクセス（JIT VM アクセス）を構成できます。JIT VM アクセスはネットワークセキュリティグループ（NSG）を構成することで、RDP（Windows の場合）や SSH（Linux の場合）接続を禁止します。そのままでは仮想マシンに接続できないので、Azure 管理ツールでアクセス権を要求し、アクセスを許可します。JIT VM アクセスは、プライベート IP 接続に対しても有効なので、VPN 接続を構成しても意味がありません。また JIT VM アクセスが構成する NSG は Azure Firewall よりも優先順位が高いので、Azure Firewall で制御することはできません。

Azure

Fundamentals

第 **11** 章

Azureのコスト管理

11-1 コスト要因

パブリッククラウドの特徴の1つに「従量課金」があります。使った分だけ支払う従量課金は、ITコストを下げることに役立ちますが、無駄な使い方をすると高額になってしまうリスクもあります。コストに影響を与える要因について正しく理解することが重要です。

1 コスト管理の基本的な考え方

コスト節約の基本的な考え方は「高価なサービスから使用量を減らす」ということです。安価なサービスの場合、少々無駄に使っても全体のコストにはあまり影響しません。逆に、高価なサービスは少し使っただけで全体のコストを押し上げます。

コストに影響を与える要因には以下のものがあります。

・サービス単価
・使用量
・リージョン

その他、サブスクリプションの選択が価格に影響するほか、サードパーティー製品は価格体系がまったく違うこともあります。

2 サービス単価

Azure で単価の高いサービスの代表は仮想マシンや Web アプリ（App Service）です。仮想マシンは分単位で課金され、基本的な構成でも 1 か月連続使用すると 1 台あたりざっと 1 万 5,000 円程度、2 台構成だと約 3 万円になります（Linux ベースの 2 CPU コア 8GB メモリの場合）。これを夜 21 時から朝 5 時までの 8 時間停止すると（割り当て解除を行うと）料金は 2/3 となり、2 台構成で月総額 1 万円の節約になります。さらに、利用頻度の低い 5 時から 9 時と

17 時から 21 時の計 8 時間を 1 台構成にすれば、さらに節約できます。

[仮想マシンの料金節約法]

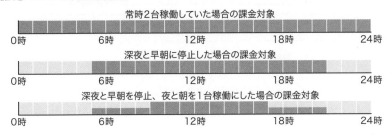

常時2台稼働していた場合の課金対象
0時　　6時　　12時　　18時　　24時
深夜と早朝に停止した場合の課金対象
0時　　6時　　12時　　18時　　24時
深夜と早朝を停止、夜と朝を1台稼働にした場合の課金対象
0時　　6時　　12時　　18時　　24時

　一方、パブリック IP アドレスは 1 か月使用しても 500 円程度のものです。無駄に使う必要はありませんが、無理に節約しても全体のコストにはほとんど影響しません。

　よく使うサービスで、総コストに影響しやすいサービスは以下の 3 種類です。

・コンピュートサービス（仮想マシンや App Service）
・ストレージサービス（仮想ディスクやストレージアカウント）
・データ転送トラフィック（インターネットや Azure リージョン間の通信データ量）

● コンピュートサービス：仮想マシン

　仮想マシンは起動してから秒単位で実行時間が計測され、分単位で課金されます（請求書には時間に換算して記載されます）。1 分未満は切り捨てられますが、最初の 1 分は切り捨てられません（最低課金 1 分）。仮想マシン内でシャットダウンした場合、「停止」状態にはなりますが、物理マシンの割り当ては解除されず、課金は停止しません。Azure の管理ツールから「停止」を行うことで、シャットダウン後に「割り当て解除」状態になり、課金が停止します。ただし、ストレージ料金は継続して課金されます。

[仮想マシンの課金サイクル]

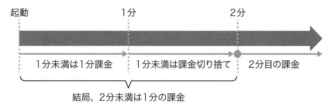

Azure の多くのリソースが時間単位課金なのに対して、仮想マシンは分単位で課金されます。これは、ほかのリソースに比べて仮想マシンの単価が高く、少しでも節約できるように考慮されているからだと思われます。

仮想マシンの具体的な価格の計算例は「1-4 従量課金モデル」の「2 固定費から変動費へ：早く黒字化したい」で紹介しているので参考にしてください。

試験対策　仮想マシンの課金は1分単位です。1分未満は切り捨てますが最初の1分は課金対象です。

● コンピュートサービス：App Service

App Service の課金は「App Service プラン」に対して秒単位で計算されます。「App Service プラン」は App Service 専用の仮想マシンと考えることができます。App Service も比較的高価なサービスですが、仮想マシンよりも短時間で起動できるため、課金単位が小さくなっているようです。

App Service は PaaS の一種なので、OS の設定を直接変更したり、独自にアプリケーションをインストールしたりすることはできません。また、App Service を停止しても App Service プランは停止しないため、課金を停止することもできません。なお、App Service はディスク機能を含んでいるため、OS ディスクの課金はありません。

App Service プランには無料版もありますが、機能や性能は限定されています。たとえば1日あたりの CPU 使用時間は 60 分に制限されており、それを超えると App Service が停止します。

● ストレージサービス

同じストレージサービスでも、仮想マシンが使用する「マネージドディスク」と、PaaS として使用する「ストレージアカウント」では課金体系が違います。

マネージドディスクは、作成時に容量を指定し、作成された時点から課金されます。たとえば、128GB のディスクを作成すると、作成時点から 128GB の料金が課金されます。

Standard タイプの汎用ストレージアカウントや Premium タイプの BLOB サービスは、実際に保存したファイルサイズだけ課金されます。そのため、マネージドディスクではなく、ストレージアカウントを使ったほうがコストを最適化できます。

ただし Premium タイプの Files ストレージ（Azure での名称は FileStorage）は使用量ではなく、共有作成時に割り当てた容量分で課金されます。

試験対策 Standard タイプの汎用ストレージアカウントや Premium タイプの BLOB サービスは、実際に保存したファイルサイズだけ課金されます。

● データ転送トラフィック

データ転送トラフィックとは、Azure データセンター間で送受信されるデータを指し、「帯域幅（bandwidth）」とも呼びます。データ転送トラフィックは次の 4 通りで課金されます。

● インターネットとの通信

Azure のデータセンターから送信するデータ量に応じて課金されます。受信データには課金されません。料金はデータセンターの所在地によって決まっており、送信データは 100GB まで無料です。また、送信データ量に応じて価格が段階的に安くなるように設定されています。

● Azure リージョン間の通信

Azure リージョン内のネットワーク帯域幅は原則として無料です。Azure のリージョン間通信に対しては、インターネットとの通信とは別の課金が行われます。リージョン間通信の料金はデータ量によらず一律の GB あたり単価が設定されています。

リージョン間通信の代表的なトラフィックは、geo 冗長ストレージアカウントの複製です。

●ピアリング

　複数の仮想ネットワークをピアリングによって直接接続している場合、ネットワーク間で通信が発生すると、受信側と送信側のそれぞれで課金が発生します。リージョン内とリージョン間のいずれの場合も、送受信ともに 1 GB 単位で所定の料金がかかります。

●可用性ゾーン

　リージョン内の可用性ゾーン間の通信は、送受信ともに課金が開始されることが予定されていましたが、2024 年 5 月 21 日に今後も継続して無償となることが発表されました。可用性ゾーン内と、可用性ゾーンを使わない同一リージョン内の通信はいずれも無料です。

［データ転送トラフィックの課金］

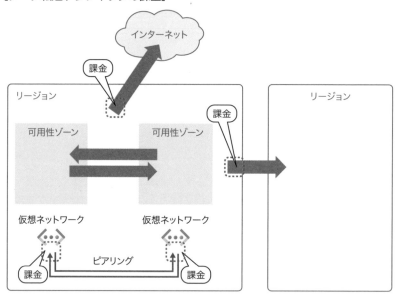

試験対策　インターネットおよびリージョン間のネットワーク帯域幅は、Azure が受信するデータに対する課金はありません。一方、ピアリングについては送信と受信の両方に課金されます。

● 関連リソースの確認

リソースを削除すると課金は停止しますが、関連するリソースが削除されていることを確認してください。たとえば、仮想マシンを削除してもディスクを削除しない場合は、ディスク料金が継続して課金されます。

3 　使用量

単価が高くても、使用時間や使用量を減らすことでコストを下げることができます。特に、仮想マシンは停止して「割り当て解除」状態にすることで簡単に課金を停止できます。仮想マシンは単価が高いので、割り当て解除による料金節約は大きな効果があります。

ただし、Azure の多くのサービスは課金を中断できません。たとえばマネージドディスクは一度割り当てると、削除するまで割り当て量に応じた課金が続きます。

サービス使用量に応じた課金が行われるサービスは、使用量を減らすことで料金を節約できます。たとえば、汎用ストレージアカウントは保存したデータ量に応じて課金されるため、データを削除することで料金を節約できます。

4 　リージョン

Azure の価格はリージョンごとに設定されています。安価なリージョンを選択することで料金を節約できます。

なお、特定のリージョンが常に安い／高いとは限りません。たとえば東日本と西日本を比べた場合、D2ds_v4 は東日本のほうが安価に設定されていますが、1世代古い D2_v3 は同一価格、さらに古い D2_v2 は西日本のほうが少し安くなっています。

リージョンを選択する場合、価格だけではなくネットワークの利用状況も考慮してください。遠方のサーバーを利用する場合はデータ転送の遅延が大きくなり、レスポンスが悪くなる可能性があります。また、別リージョンへのデータ転送は課金対象になります。コンピューティングリソースの価格を抑えるために遠方のリージョンを使っても、データ転送にかかるコストが大きくなり、総

第11章 Azure のコスト管理

コストでは節約にはならない場合があります。

5 サブスクリプション

　Azure サブスクリプションの契約をする場合、組織の目的に応じて適切なものを選ぶ必要があります。選択を間違えると、処理が煩雑になったり料金が高くなったりします。

　Azure 製品やサービスで利用することが可能な購入オプションとしては、次の3種類があります。これらの違いは第5章で簡単に説明しましたが、ここで詳しく説明します。

- **従量課金（Web ダイレクト）**…Azure Web サイトから直接購入し、使った分だけ支払う従量課金制です。**PAYG（Pay As You Go）**という表現もよく使われます。基本的にはクレジットカードによる後払いですが、一定の条件を満たせば請求書処理に切り替えることも可能です。サブスクリプション単位の支払い処理が必要なので、複数のサブスクリプションを契約すると事務処理が煩雑になります。主に個人または個人事業主向けのプランです。料金はすべて定価で、Azure の Web サイトで公開されている金額がそのまま適用されます。
- **エンタープライズアグリーメント（EA）**…主に大企業向けで、マイクロソフトのライセンシングパートナーから購入した場合でも、マイクロソフトと直接契約を結びます。年間で最低使用料を約束（年額コミットメント）する必要がある代わりに利用料金の割引など、さまざまな特典があります。
- **クラウドソリューションプロバイダー（CSP）経由**…主に中小規模の企業向けで、マイクロソフトの代理店であるクラウドソリューションプロバイダー（CSP）経由で購入します。支払いは請求書処理が一般的ですが、代理店によってはクレジットカードが使える場合もあります。料金的にはWeb ダイレクトとほとんど変わりませんが、CSP 独自の付加サービスが提供されることが多いようです。また、サポートも CSP 経由で行われます。CSP で対応できないトラブルは最終的にはマイクロソフトにエスカレーションされます。EA ほど大規模ではないものの、多くのサブスクリプションを契約している企業でよく使われます。CSP 経由で購入したサブスクリプション自体を「CSP」と呼ぶこともあります。

[Azureサブスクリプション契約の種類]

	従量課金	クラウドソリューション プロバイダー	エンタープライズ アグリーメント
別名	Web ダイレクト、 PAYG		
契約先	マイクロソフト	CSP	マイクロソフト
主な対象	個人・個人事業主	中小企業	大企業
支払い	クレジットカード ※条件を満たせば 　請求書払い可	CSP に依存	請求書払い
最低利用金額	なし	なし	年額コミットメン トが必要
割引	なし	CSP に依存	別途契約

　Azure サブスクリプションを従量課金で最初に契約したときは、30 日間有効な 200 ドル相当の無料枠が割り当てられます。

　また、マイクロソフトとパートナー契約をしている企業は、毎月一定の無料枠が割り当てられる場合があります。これを「メンバープラン」と呼びます。

試験対策　Web ダイレクトは従量課金と同じ意味で使います。個人または小規模な企業が対象です。エンタープライズアグリーメント（EA）は大企業向け、クラウドソリューションプロバイダー（CSP）は中規模以下の企業向けです。

　複数のサブスクリプションを管理するには「管理グループ」を使います。管理グループについては第 5 章を参照してください。

6　Azure Marketplace

　Azure Marketplace では、サードパーティー製品を購入することができます。この場合、通常の Azure サービスとは異なる課金体系になっていることがあります。たとえば、ライセンス料が Azure の利用料金に含まれず、別途契約をしなければならない場合があります。

11-2 料金計算ツールと総保有コスト（TCO）計算ツール

クラウドサービスの料金はあらかじめ提示されているため、事前に予測することができます。これにより、正確なコスト計画を立てることができます。

1 料金計算ツール

　Azure の料金は複雑なので、Web ベースの料金計算ツールが提供されています。これにより、Azure 製品の構成とコストの見積もりを行うことができます。料金計算ツールでは Azure 製品がカテゴリごとに表示されるため、必要な Azure 製品を選択後、要件に従って構成すると、それに応じた見積もり額が提示されます。また、選択した製品を追加、削除、または再構成することにより、料金計算ツールから新しい見積もりが提供されます。料金計算ツールから各製品の価格や製品の詳細情報、ドキュメントにアクセスすることも可能です。

　料金計算ツールでは、リソースに対して設定可能なオプションのほとんどを指定できます。たとえば「仮想マシン（Virtual Machines）」を選択した場合の構成オプションは次のとおりです。

- **リージョン**…データセンターのあるリージョン
- **オペレーティングシステム**…Windows か Linux か
- **タイプ**…OS のみか、サーバーアプリケーション付きか
- **インスタンス**…仮想マシンのサイズ（CPU コア数やメモリ量など）
- **割引のオプション**…Windows ライセンスの持ち込みなどの割引オプションの指定

[料金計算ツール]

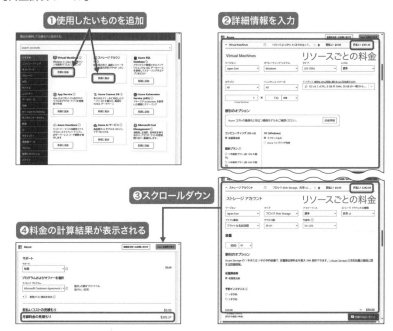

なお、料金計算ツールで表示される価格は参考値であり、正式な価格見積もりとしての使用は想定されていません。

料金計算ツールは、以下のサイトから利用できます。

・「料金計算ツール」

https://azure.microsoft.com/ja-jp/pricing/calculator/

試験対策

Azure の利用料金の概算を計算するのは「料金計算ツール」です。

参考

料金計算ツールには、構成の妥当性を検証する機能はありません。必要なリソースに抜けがあっても、エラーになったり、必要なリソースを自動で追加してくれたりはしないので注意してください。

第11章　Azure のコスト管理

Azure に限らず、パブリッククラウドの料金をオンプレミスと同様の構成で単純に計算すると非常に割高になることがあります。これには主に2つの原因があります。

- 仮想マシンが同じ台数で常時稼働することを前提としている
- クラウドによって節約できる運用コストを考慮していない

Azure では、仮想マシンの割り当てを解除することで仮想マシンコストをゼロにすることができます。また、Virtual Machine Scale Sets(VMSS)を使うことで、負荷に応じてサーバー台数を増減できます。料金計算ツールには、こうした台数調整を考慮する機能がないため、総稼働時間を自分で入力する必要があります。

また、クラウドを使うことによる運用コスト（システムを運用する上で必要な管理作業などにかかる費用）の削減効果も反映されていません。たとえば、Azure を使うことでハードウェア管理とデータセンター管理の手間からは完全に解放されます。利用するサービスによっては OS の保守業務も大幅に軽減されるでしょう。こうした費用節約効果は料金計算ツールではわかりません。

「総保有コスト(TCO)計算ツール」は、運用コストの削減効果を可視化するツールです。総保有コスト（TCO）計算ツールを使用するには、次の3つの手順を行う必要があります。

- ワークロードの定義
- 前提条件の調整
- レポートの表示

● ワークロード（処理の種類）の定義

オンプレミスのサーバー利用状況を入力します。この情報は、対応する Azure サービスを推定し、Azure の利用料金を算出するために使われます。ここでは4つのグループに分けて、オンプレミス環境の詳細を TCO 計算ツールに入力します。

- **サーバー**…現在のオンプレミスサーバーの詳細情報を入力します。
- **データベース**…オンプレミスのデータベース情報の詳細を入力します。
- **ストレージ**…オンプレミスのストレージ情報の詳細を入力します。
- **ネットワーク**…オンプレミス環境で現在使用しているネットワーク帯域幅の情報を入力します。

● 前提条件の調整

総保有コスト（TCO）計算ツールの精度を上げるため、ソフトウェアアシュアランスの有無（後述する Azure ハイブリッド特典が適用される）や IT 人材コストなど、コストに関連する情報を指定します。

● レポートの表示

入力した情報と前提条件に基づいて詳細レポートが生成されます。このレポートでは、オンプレミス環境でのコストと、Azure を使用した場合のコストを比較できます。

[総保有コスト（TCO）計算ツール]

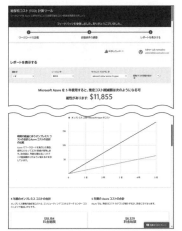

現在のワークロード（サーバー環境）と前提条件
から、5 年間で節約可能なコストを推定した例

試験対策　総保有コスト（TCO）計算ツールは、Azure のサービス料金以外に人件費やデータセンターコストも含めて、オンプレミスと Azure の価格を比較します。

11-3 コスト管理ツール（Azure Cost Management）

Azureのコスト管理を行うためのツールが「Azure Cost Management」です。Azure Cost Managementは、Azureの使用コストの予算を設定し、予測値や実測値をもとに警告を出すことができます。

1 Azure Cost Managementの機能

Azure Cost Management は Azure の利用コストの計画、分析、最適化を行うツールです。無料で提供されており、次のようなコスト管理機能が利用できます。

- **コスト分析**…コストに関するレポートを表示します。また、タグを使用してリソースを分類できます。
- **予算**…予算を設定して、使用料が予算を超過しそうになった時点で、アラートによって通知やアクションを実行するよう構成できます。
- **アラート**…予算の使用率に応じて、複数のアラートを作成できます。
- **アドバイザーの推奨事項**…未使用状態のリソースを検出し、コスト削減の推奨事項を表示します。
- **請求書と支払い**…毎月の請求書を入手できます。また、支払い方法の変更も可能です。

［Azure Cost Management］

2　コスト分析

　管理グループ、サブスクリプション、リソースグループを使ったコスト集計が可能です。また、タグを使ったレポートも作成できます。そのほか、リソースの種類やリージョンごとの集計もできます。

　コストは実績値の集計のほか、予測値を出すこともできます。これにより、実際にコストがかかる前に警告を出すことができます。

3　予算

　毎月の予算を設定し、限度を超えそうになると警告を発生させます。1つの予算に対して複数の警告が設定できるため、予算の余裕のある状態から緊急事態ま

で、段階的に警告を受け取ることができます。たとえば、予測値が予算の70%を超えると1回目の警告を出し、実測値が予算の80%を超えると2回目の警告を出すことができます。

4 アラート

予算を超過した場合はアラートを発生させることができます。アラートは、以下の宛先に送信できます。

- ・電子メール
- ・Azure 管理アプリへの通知（モバイルのみ）
- ・SMS（ショートメッセージ）
- ・音声通話

アラートが発生したら、Azure Functions や Azure Logic Apps などを呼び出して、アクションを起こすこともできます。

予算以外に「異常な状態の検出」も可能です。普段のパターンとは違う課金が発生した場合、即座に通知を受け取ることができます。

[コストアラートでの異常検出]

異常が検出されると以下のような文面のメールが送信される。

異常アラート: 通常とは異なるコストのincreaseが検出されました

Cloud-02subscription に関して、2023年9月26日 に通常とは異なるコストのincreaseが検出されました。Cost Management は、2023年7月29日 から 2023年9月26日 までの、毎日のコスト傾向に基づいて、コストの異常の可能性を検出しました。これが期待されたものであるかどうか、変更をご確認ください。

Subscription 概要

異常が検出されました	Yes
予期される範囲と比較した差分	4329.96 %

Resource group 概要

- 2 個の既存の resource group(s) からコストが 97.14% 変更されました。

この期間中 resource group(s) の最も重要な変更

名前	コストの変化率	全体に対する割合
sakura-group	356.58	96.79
cloud-shell-storage-southeast.asia	16.67	0.36

Azure portal で追加の詳細を確認します。

詳細 >>

5　アドバイザーの推奨事項

　コストに関する推奨事項を提示します。たとえば、無駄に性能の高い仮想マシン（負荷が極端に低い仮想マシン）や、使われていないリソースなどを指摘してくれます。この機能は、第13章で説明する「Azure Advisor」に含まれるものと同じです。

6　請求書と支払い

　請求書のダウンロードや、支払いクレジットカードの変更などが可能です。

Azure Cost Management は、予算を設定しアラートを発生させる機能はありますが「利用料金の上限を指定し、それ以上は使用させない」という機能はありません。

第11章 Azure のコスト管理

325

11-4 タグ

Azureの課金合計額だけではなく、さまざまな切り口で分析したい
場合があります。このようなときに役に立つのが「タグ」です。

1 タグの使用

タグを使用することで、さまざまな側面からコストを分析できます。たとえば、
人事、営業、財務などの部門別、あるいは本番環境やテスト環境などの環境別
にリソースにタグを付与しておけば、簡単にそれらの分類でコストを集計でき
るので、それに応じて社内でのコスト負担を分配するといったことが可能です。

[タグによるコスト集計の例]

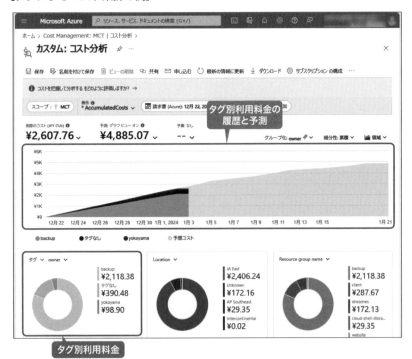

試験対策　タグ付けは、Azure の使用料金の集計によく使われます。

　Azure の使用料金は、請求書の単位であるサブスクリプションはもちろん、管理グループやリソースグループでも集計可能ですが、いずれも分類が固定的で柔軟に変更することができません。一方、タグは 1 つのリソースに複数設定できるので、タグの名前ごとに切り口を変えてさまざまな集計が可能です。

2　タグ付けの強制

　また、第 12 章で扱う Azure Policy を使うとタグ付けを強制できます。サブスクリプションや管理グループに Azure Policy を適用し、特定のルールに基づいたタグ付けを強制すれば、タグの設定漏れを防止できます。Azure Policy ではタグの内容の正当性までは検査できないので、意図的に「正しくない情報」をタグとして設定することも可能ですが、一般にはそこまで疑う必要はないはずです。仮に、そうしたリスクが想定されるのであれば、RBAC と Azure Policy を厳密に適用して、不要なリソースを作らせないようにしてください。また、アクティビティログ（Azure の操作記録）と照合することで、誰による操作かを特定することも可能です。

コストの最適化オプション

Azureにはコストを最適化するためのさまざまなオプションがあります。特定の条件を満たす場合は、オプションを使うことで大幅なコスト削減が可能です。

1 Azureの予約（RI）の使用

Azureの予約(リザーブドインスタンス:RI)は、利用料金を1年または3年分、事前に支払うことで得られる割引制度です。仮想マシンの場合、従量課金料金を大幅に削減できます。

予約によって提供された割引後の価格は、実際にリソースを実行したかどうかには影響されません。つまり、仮想マシンが起動していても停止していても同じ料金がかかります。

割引は、予約時に指定したサイズのリソースであれば、自動的に適用されます。そのため、一度、仮想マシンを削除しても、同じサイズの仮想マシンを再生成すればそちらに対して予約価格が適用されます。「リザーブドインスタンス」という名称ですが、「特定のインスタンス（仮想マシン）に対する割引」ではなく、「指定したサイズの使用に対する割引」であることに注意してください。

試験対策 その仮想マシンを長期間利用することがわかっている場合、「予約（リザーブドインスタンス）」を使うことでコストを節約できます。

Azureの予約はAzureポータルから購入できます。

[Azureの予約]

たとえば、M8msサイズ（8仮想CPU・218.75 GBメモリ）をLinux（Ubuntu）で東日本リージョンに展開した場合、従量課金料金は1時間あたり約231円ですが、3年予約では1時間あたり約81円です。81÷231≒35%となり、65%の節約になっていることがわかります。

2　Azureスポット割引の使用

　Azureのデータセンター内で、提供可能なサーバーリソースが余っている場合、特別な割引価格が利用できます。これを**スポット割引**と呼び、スポット割引が適用された仮想マシンを**スポットインスタンス**と呼びます。

　スポット割引は大幅な割引が得られますが、Azureデータセンターのサーバーリソースが不足すると停止してしまいます。そのため、いつ停止しても問題ないようにプログラムを構成しておく必要があります。

第11章　Azureのコスト管理

3 Azureハイブリッド特典の使用

　一部のマイクロソフト製品には、移動可能ライセンスがあります。すでに保有しているライセンスを Azure に持ち込むことで、ライセンス分のコストを節約できます。これを **Azure ハイブリッド特典（Azure Hybrid Benefit：AHB）** と呼びます。AHB は**ソフトウェアアシュアランス（SA）契約**（マイクロソフト製品のライセンス購入に伴うオプション契約の一種）に基づく Windows Server と SQL Server で利用できます。

　AHB を利用する場合は、仮想マシンや SQL Database（SQL Server 互換の Azure データベースサービス）作成時に適切なライセンスを所有していることを申告します。

[Azureハイブリッド特典の適用]

　Windows Server の場合は、AHB を使うことで最大 50% 近い節約になります。これによって、ライセンス料金を必要としない Linux（Ubuntu など）と同等の価格となります。

　AHB は Red Hat Enterprise Linux および SUSE Linux Enterprise Server でも利用できます。これらの Linux はサポートを含むライセンス料金が上乗せされているため、Ubuntu などのライセンス料金を必要としない Linux よりも高価に設定されています。すでにライセンスを持っている場合は、AHB を使うことで Azure の課金を節約できます。

試験対策　Azure ハイブリッド特典は、ソフトウェアアシュアランス（SA）に基づく Windows Server と SQL Server で利用できます。また、Red Hat Enterprise Linux および SUSE Linux Enterprise Server でも利用できます。

4　Azureの使用制限の使用

　メンバープランなど、毎月の使用枠が設定されたサブスクリプションには、無料使用枠内での使用制限機能が用意されています。設定された使用制限に達した場合、Azure では新しい請求期間が開始されるまでサブスクリプションが一時停止されます。

　一時停止されたサブスクリプションでは、仮想マシンなどのすべてのサービスが停止し、新規リソースが作成できなくなります。

　使用制限機能は、従量課金などの一般のサブスクリプションでは使用できません。ただし、使用料があらかじめ決めた値を超えたときに警告を発生させることはできます（「11-3　コスト管理ツール（Azure Cost Management）」の「4 アラート」を参照）。

第**11**章

Azure のコスト管理

［Azureの使用制限の設定と解除］

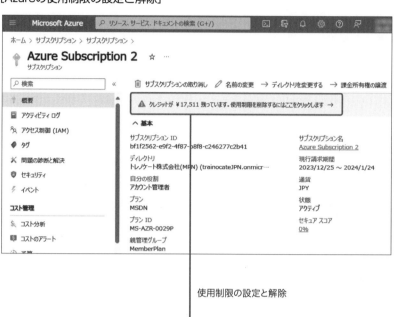

使用制限の設定と解除

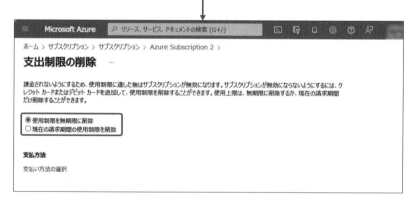

Q 演習問題

1 Azure のコストに影響を与える要因として、適切なものはどれですか。
正しいものをすべて選びなさい。

    A.   リソースの種類

    B.   アプリケーション、管理ツールなどを開く際に使用するブラウザーの種類

    C.   リージョン（地域）

    D.   データ転送トラフィック

2 Azure 仮想マシンを構成し、必要なときだけ起動するような運用をしています。あるときは 49 分 30 秒使用していました。この場合の正しい課金時間を 1 つ選びなさい。

    A.   1 時間

    B.   49 分

    C.   49 分 30 秒

    D.   50 分

3 Azure 仮想マシンを構成し、インターネット上にあるサーバーと連携します。インターネットにアクセスする場合の帯域幅使用料の説明として、正しいものを 1 つ選びなさい。

    A.   インターネット通信は送受信ともに課金対象となる

    B.   インターネット通信は送信データ（Azure からインターネットへ）が課金対象となる

    C.   インターネット通信は受信データ（インターネットから Azure へ）が課金対象となる

    D.   インターネット通信の帯域幅は課金対象ではない

4 Azure 上に 2 つの仮想ネットワーク N1 と N2 を構成し、それぞれに仮想マシン V1 と V2 を配置しました。N1 と N2 の両仮想ネットワークをピアリング接続した場合、通信データに対する課金について正しい記述を 1 つ選びなさい。

［仮想マシンとネットワークの構成］

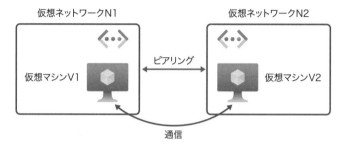

A. 仮想マシン V1-V2 間は送受信ともに課金対象となる

B. 仮想マシン V1-V2 間は、V1 と V2 それぞれの送信データのみが課金対象となる

C. 仮想マシン V1-V2 間は、V1 と V2 それぞれの受信データのみが課金対象となる

D. ピアリングの帯域幅は課金対象ではない

5 料金計算ツールで選択できるオプションとして、適切なものはどれですか。正しいものをすべて選びなさい。

A. リージョン（地域）

B. OS

C. IT 担当者の人件費

D. オンプレミスと比較したコスト削減額

6 総保有コスト（TCO）計算ツールに関する説明として、最も適切なものはどれですか。正しいものを 1 つ選びなさい。

A. ワークロードをオンプレミスから Azure に移行することで実現可能なコスト削減を見積もることができる

B. Azure 製品の構成とコストの見積もりを正確に行うことができる

C. Azure 全体で使用されるデータトラフィックの料金を見積もることができる

D. 他社クラウド製品から Azure に移行することで実現可能なコスト削減を見積もることができる

7 Azure のコストを最適化するために使用できる有効なツールとして、最も適切なものはどれですか。正しいものを 1 つ選びなさい。

A. Azure Monitor

B. ストレージアカウント

C. Azure Cost Management

D. リソースプロバイダー

8 ある組織では複数の部門で Azure を使用しています。この場合に部門ごとの使用量のレポートを出したいと思います。使用するツールとして最も適切なものを 1 つ選びなさい。

A. タグ

B. 管理グループ

C. ポリシー

D. リソースグループ

第**11**章

Azure のコスト管理

9 3 年以上使用することが予想される Linux 仮想マシンを Azure 上に展開します。このとき、仮想マシンのコストを抑えるために最も効果的なものを 1 つ選びなさい。

A. Azure の使用制限

B. Azure ハイブリッド特典

C. Azure Cost Management

D. リザーブドインスタンス（RI）

10 オンプレミス Windows Server を Azure 仮想マシンに移行することを検討しています。Windows Server のライセンスコストを節約するために AHB（Azure ハイブリッド特典）の利用を検討しています。確認すべき項目を 1 つ選びなさい。

A. Azure 仮想マシンに 1 年または 3 年の予約を設定しているか

B. Azure の契約がエンタープライズアグリーメント（EA）になっているか

C. Windows Server の何らかの正規ライセンスを使用しているか

D. Windows Server のライセンスがソフトウェアアシュアランス（SA）契約になっているか

A 解答

1 A、C、D

Azure の使用料はリソースの種類ごとに単価が設定されています。単価はリージョンごとに違う場合があります。また、インターネットへのデータ転送や、リージョン間のデータ転送などは課金対象になります。

2 B

Azure 仮想マシンは1時間単位の価格が設定されていますが、課金は1分単位です。ただし、最低課金時間の1分を過ぎたら、1分未満は切り捨てられます。49分30秒使用した場合は49分の課金が発生します。

3 B

Azure からインターネットへの送信データは課金対象ですが、インターネットから Azure への受信データは課金対象ではありません。

4 A

ピアリングされた仮想ネットワーク間は、送受信ともに課金対象になります。

5 A、B

料金計算ツールでは、料金にかかわる構成を選択できます。リージョンごとの単価や OS のライセンス価格（Windows の場合）などを考慮して、合計金額を算出します。IT 担当者の人件費やオンプレミスと比較したコスト削減額の概算は「総保有コスト（TCO）計算ツール」の機能であり、「料金計算ツール」では算出されません。

6 A

TCO 計算ツールは、IT 環境をオンプレミスから Azure に移行することで、IT コストや運用コストがどれくらい変わるかを算出するツールです。クラウド間の移行は考慮していません。また、個々のサービス価格の詳細を正確に算出することはできないため、見積もりツールとして使用することは想定されていません。

7 C

Azure Cost Management は、コストに関するアドバイスを提示する機能を持ちます。これは Azure Advisor の機能を呼び出すことで実現しています。また、現在のコストを分析する機能も持つため、コスト最適化に適したツールです。Azure Monitor はリソースの監視ツールですが、Azure Advisor へのリンクが含まれます。結果的に Monitor を経由して情報を得ることはできますが、コスト分析の機能はありません。

8 A

リソースに対して部門ごとのタグを追加することで、部門ごとの使用料を集計できます。管理グループやポリシーには集計機能はありません。リソースグループは使用料の集計機能を持ちますが、1 つのリソースは1 つのリソースグループにしか所属できず、リソースグループの変更は手間がかかるため、柔軟性に欠けます。

9 D

長期利用する仮想マシンのコスト削減に効果的なのは「リザーブドインスタンス」です。Azure ハイブリッド特典はオンプレミスで所有しているライセンスを Azure に持ち込むことでライセンス料金を節約する機能です。利用期間にかかわらずコスト削減が可能ですが、もともとライセンス料が加算されていない Linux（Ubuntu など）では利用できません。Azure の使用制限はコスト削減効果がありませんし、運用で使うサブスクリプションでは利用できません。Azure Cost Management はコスト情報の表示や分析を行いますが、コスト削減機能は持ちません。

10 D

Windows Server の AHB（Azure ハイブリッド特典）はソフトウェアアシュアランス（SA）契約が必要です。予約の必要はありません。またEA である必要もありません。

Azure
Fundamentals

第12章

Azureのガバナンスと
コンプライアンス

ガバナンスと
コンプライアンスソリューション

マイクロソフトは、Azureを含むクラウドサービスに対して、デー
タ管理のためのガバナンス機能や、さまざまなコンプライアンスソ
リューションを提供しています。

1 コンプライアンスフレームワーク

　マイクロソフトでは、Azure や Microsoft 365 を含むオンラインサービスに
対して、複数の規制基準を統合したコンプライアンスの基本設計である**コンプ
ライアンスフレームワーク**を定義しています。オンラインサービス共通のフレー
ムワーク（枠組み）を使用することで、現在のさまざまな規制におけるコンプ
ライアンスを効率よく適用し、将来の進化に合わせてサービスの設計と構築を
行います。

● コンプライアンスのサービス

　Azure では、第三者機関が定義した多くのコンプライアンスに準拠したサー
ビスを提供しています。主なものは以下のとおりです。

- **CSA STAR認証**…CSA STAR(CSA Security, Trust & Assurance Registry)
  認証は、クラウドプロバイダーのセキュリティを第三者が厳格に評価する制度で、
  非営利団体「クラウドセキュリティアライアンス（Cloud Security Alliance：
  CSA）」が管理しています。
- **EU 一般データ保護規則（GDPR）**…GDPR（General Data Protection
  Regulation）は、プライバシーに関する EU の規則です。EU の人々に商品
  やサービスを提供したり、EU の人々に関連するデータを収集および分析し
  たりするあらゆる組織に課されます。
- **ISO/IEC 27018**…国際標準化機構（ISO）が策定した、クラウド環境にお
  ける個人情報保護に関する国際規格です。ISO は、各国の国家標準化団体で
  構成される国際組織です。

　そのほかにも多くのコンプライアンス基準をクリアしています。たとえば、日本固有のコンプライアンスとしては以下の基準をクリアしています。

・金融情報システムセンター（FISC）
・クラウドセキュリティゴールドマーク（CS ゴールドマーク）
・マイナンバー法

　実際にこれらのコンプライアンスを満たすには多くの設定が必要になります。一部のコンプライアンス基準は Microsoft Defender for Cloud の Defender レベルで監査結果を表示できます。また、Azure Policy にもコンプライアンス基準に基づいた監査機能が利用できます。いずれもコンプライアンス基準を満たしたことの保証はありませんが、構成の手間は大幅に省けるでしょう。また、運用についての適切な規則も必要です。

[Microsoft Defender for Cloudによるコンプライアンス評価の例]

第12章 Azure のガバナンスとコンプライアンス

2 Microsoft Purview

Microsoft Purview は、Azure だけでなく Microsoft 365 やその他のクラウドに対するコンプライアンスサービスで、以下の機能を提供します。

● 機密データの保護

データを分類し、機密レベルの高いファイルを暗号化します。また、不適切なファイル共有などを禁止します。

● データリスクの特定

データへのアクセスを追跡し、データアクセスを監査します。たとえば、ファイルのコピーや印刷の監査が可能です。

● 規制コンプライアンス要件の管理

各種のコンプライアンス基準を満たすようにデータ管理ポリシーを構成できます。Microsoft Defender for Cloud が提供する規制コンプライアンスの情報は、今後 Microsoft Purview と統合されます。

これらを実現するため、Microsoft Teams、OneDrive、Exchange、SharePoint などのオンラインサービスをサポートします。これらはいずれも Microsoft 365 に含まれるサービスです。Microsoft Purview はデータに関するコンプライアンスサービスなので、仮想マシンや App Service などを直接扱うわけではありません。

[Microsoft Purview]

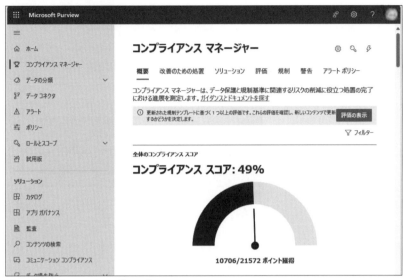

https://compliance.microsoft.com/

3　Service Trust Portal

　組織のコンプライアンス責任者などを対象に、詳細で専門的な情報を集めた Web サイトが **Service Trust Portal**（https://servicetrust.microsoft.com/）です。Microsoft 365、Dynamics 365、Azure のいずれかのサブスクリプションを持つユーザーがアクセスでき、コンプライアンス関連の詳しい情報を入手できます。

　Service Trust Portal からは、以下のサイトへのリンクが提供されます。

- **認定、規制、標準**…認定、規制、標準では、国際標準や各国の規制コンプライアンスの準拠状況を確認できます。
- **レポート、ホワイトペーパー、成果物**…Azure に関する評価レポートを入手できます。
- **業界と地域のリソース**…マイクロソフトのクラウドサービスに関して、特定の業界のコンプライアンス情報や特定の地域固有のコンプライアンス情報にアクセスできます。

343

Service Trust Portal に登録されているドキュメントを選択し、独自のライブラリ（My Library）として保存する機能も備わっています。また、登録したドキュメントが更新されたときに電子メールによる通知を設定できます。

[Service Trust Portal]

My Library…
Service Trust Portalの
ドキュメントを登録可能

各種ドキュメントへの
リンク

試験対策　コンプライアンス認証に対する監査レポートなど、Azure の専門的な情報を入手するには、Service Trust Portal にアクセスします。

● Service Trust Portalへのアクセス

Service Trust Portal は誰でも無料で利用できますが、コンプライアンス情報を入手するには、以下のいずれかのオンラインサブスクリプション（試用版または有料版）のアカウントとしてサインインする必要があります。

- Microsoft 365
- Dynamics 365
- Azure

　Microsoft クラウドサービスアカウント（Microsoft Entra ID アカウントまたは Microsoft アカウント）としてサインインしたあとは、コンプライアンスマテリアルに関するマイクロソフトの秘密保持契約に同意する必要があります。

[Service Trust Portalへのアクセス]

12-2 Azure Policy

Azure Policyを使うと、Azureに作成するリソースの種類を制限したり、展開するリージョンを制限したりできます。これにより組織の規則が遵守されているかどうかを監査したり、強制したりできます。

1 Azure Policyの目的

適切なガバナンスを実現するには、複数の規則を複数のリソースに適用する必要があります。たとえば、あるリソースグループに含まれるサービスに対して「個人情報を保存するアプリケーションを動かすので、日本のサーバーしか使ってはならない」「決められたサイズの仮想マシンしか使ってはならない」などの規則を適用することが考えられます。

Azure Policy は、使用中のリソースが決められた規則に準拠しているかを評価したり、規則違反のリソース展開を禁止するサービスです。Azure Policy を使用すると、自社が定めた標準に準拠したリソースの管理が行えます。また、違反した設定を変更する機能も持ちます（ただし、変更できる設定はあまり多くありません）。

具体的には、遵守すべき規則を作成し、その規則の割り当て先を指定することで、規則の適用を行います。適用された規則はすべてのユーザーに対して有効です。

2 Azure Policyの構成

Azure Policy で設定した個々の規則のことを**ポリシー定義**と呼びます。たとえば、Azure のリソースの展開先リージョンを限定したり、仮想マシンのサイズを限定したりできます。割り当て先にはサブスクリプションやリソースグループを指定できます。**ポリシー**は、ポリシー定義と割り当て先をセットにしたものです。

試験対策 Azure Policy は、ポリシーに反するリソースの展開の防止（拒否）と、組織のコンプライアンスに準拠しているかの評価（監査）のどちらも構成できます。変更も可能ですが、設定可能な項目はあまり多くありません。

　ほとんどの場合、コンプライアンスは複数の規則を同時に満たす必要があるため、Azure Policy では、複数の規則（ポリシー）をまとめる機能があります。これを**イニシアチブ**と呼びます。イニシアチブを作成したら、その割り当て先（**スコープ**）を指定します。スコープにはサブスクリプションやリソースグループのほか、管理グループも指定できます。管理グループは、複数のサブスクリプションをまとめて管理する機能です（第 5 章を参照）。

試験対策 Azure Policy の割り当て先は、管理グループ、サブスクリプション、リソースグループのいずれかです。ポリシーは上位から下位に継承（累積）します。

　Azure Policy にはストレージ、ネットワーキング、コンピューティング、セキュリティセンター、監視などのカテゴリで使用できる組み込みのポリシー定義やイニシアチブ定義が用意されており、これらを使用して既存のリソースを評価したり、ポリシーに準拠していないリソースの作成を拒否したりできます。

　ポリシー定義は多くの種類が用意されているため、新たに作る必要はほとんどないでしょう。一方イニシアチブ定義の種類は、公的なコンプライアンス要件が中心で、あまり多くはありません。イニシアチブ定義はビジネス要件を満たす必要があるため、企業ごとに異なる可能性が高いからです。そのため、多くの場合は管理者自身でイニシアチブ定義を作成する必要があります。

第**12**章 Azure のガバナンスとコンプライアンス

［Azure Policyの構成］

ポリシーには、非準拠と見なされる構成を自動的に修復する機能を含めることができます。これにより、リソースの状態の整合性を確実に確保できます。リソースにポリシーを適用するプロセスは次のとおりです。

① ポリシー定義を作成します。
② ポリシー定義を組み合わせてイニシアチブ定義を作成します。
③ リソースのスコープにポリシー定義またはイニシアチブ定義を割り当てて、ポリシーを作成します（ほとんどの場合はイニシアチブ定義を使用します）。
④ ポリシーの評価結果を表示します。

ポリシーとして「監査（audit）」が指定されている場合は、定期的に状態が検査され、違反の有無が表示されます。システム管理者は必要に応じて監査結果を参照してください。「拒否（deny）」が設定されている場合は、指定以外の構成は禁止されます。ただし、すでに配置されているリソースが自動で削除されることはなく、監査と同様、違反の有無のみが表示されます。すでに設定された内容を修正する「変更（modify）」も利用できます。

ポリシーの重要な使い方として、タグ付け機能があります。拒否によってタグ付けされていないリソースを拒否したり、監査したりするだけでなく、変更機能を使ってタグのないリソースに既定のタグを自動的に割り当てることもできます。これにより、忘れがちなタグ付けを自動化できます。

ただし、ポリシーの「変更」の適用範囲は限定的で、リージョンの変更や仮想マシンサイズの変更などはできません。

[監査結果]

ポリシーを使うことで、忘れがちなタグ付けを強制できます。

試験対策

作成の「拒否」ポリシーを割り当てても、すでに配置されているリソースが自動で削除されることはありません。この場合、監査と同じ意味になり、違反の有無のみが表示されます。

試験対策

3　ポリシー定義

ポリシー定義には、何を評価するか、どのようなアクションを実行するかを指定できます。たとえば標準提供されるポリシー定義では、展開可能なリソースの種類、リソースを展開できる場所、展開できる仮想マシンのサイズといったものを制限できま

す。次の例では許可されている仮想マシンのサイズを制限しています。

[ポリシーの定義]

[定義したポリシーの割り当て]

　ポリシーを実装するには、ポリシー定義をスコープに割り当てます。スコープには、管理グループ、サブスクリプション、リソースグループを指定することができます。割り当てたポリシーは子リソースに継承されます。たとえばポリシーがリソースグループに割り当てられると、そのリソースグループ内のすべてのリソースにポリシーが適用されます。また、ポリシーを割り当てたスコープ内から、さらに除外するサブスコープも指定できます。

4 イニシアチブ定義

　イニシアチブ定義は、複数のポリシー定義をまとめる機能です。ポリシー定義をグループ化してひとまとまりで扱えるようになるため、これをスコープに割り当てることで、よりシンプルにポリシーが構成できるようになります。

［イニシアチブ定義によるコンプライアンス管理］

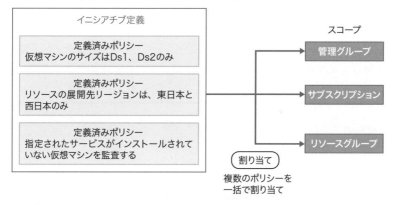

試験対策　イニシアチブ定義を使用すると、複数のポリシーをまとめて一括で適用できます。

12-3 リソースロック

人間は誰でもミスをする可能性があります。リソースロックを設定することで、不注意によるリソース削除や変更を防ぐことができます。

1 リソースロックの目的

ポリシーや RBAC を使うことで、操作範囲やロールに厳しい制約をかけることができます。しかし、そこまで厳密な制限ではなく、単に「不注意を防ぎたい」という場合もあります。Azure では、不注意を防ぐ機能として**リソースロック（Lock）**を用意しています。リソースロックは、単に「ロック」と呼ぶこともあります。

ロックが有効なリソースやリソースグループ、サブスクリプションでは、権限があるユーザーであっても変更や削除ができなくなります。サブスクリプションやリソースグループに対するロックは、その中に含まれるすべてのリソースに適用されます。

2 リソースロックの種類

リソースロックには**読み取り専用ロック**と**削除ロック**の 2 種類があります。

読み取り専用ロックが設定されている場合、リソースの情報を表示することはできますが、変更はできなくなります。たとえば、仮想マシンの場合だとサイズの変更はもちろん、実行状態の変更もできなくなります。実行状態の変更とは「実行中の仮想マシンを停止する操作」や「停止中の仮想マシンを起動する操作」を含みます。

削除ロックが設定されている場合、リソースの削除ができなくなります。ただし、変更は可能なので、たとえば仮想マシンのサイズ変更や起動と停止は可能です。

［削除ロックの追加］

［追加された削除ロック］

第12章　Azure のガバナンスとコンプライアンス

リソースに対して所有者のロールがあれば、誰でもロックを削除できることに注意してください。ロックは「うっかりミスを防止する」機能であって、「不正な行為を防止する」といったセキュリティ機能ではありません。

 試験対策 ロックは、「不正利用禁止」機能ではなく「うっかりミスを防止する」機能です。リソースに所有者のロールがあれば誰でも削除や変更ができます。

 試験対策 ロックには、変更を防止するための「読み取り専用ロック」と、削除を防止するための「削除ロック」の2種類があります。

 コラム ロックには「削除」と「読み取り専用」があります。英語では「Delete」と「Read-Only」で、強調したい行為を用語として使ったようです。禁止する行為を指定するなら「削除」と「変更」とすべきですし、許可する行為を指定するなら「変更可能」と「読み取り専用」になるところですが、「削除」と「読み取り専用」の2種類なので、間違えずに覚えてください。

Q 演習問題

1 Azure が提供するサービスについて、正しく記述した文を 1 つ選び
なさい。

A. Azure が提供するサービスは、多くのコンプライアンス基準を満
たしており、Azure 上で利用するサービスを組み合わせて構築し
たシステムは自動的に公的な認証を得られる

B. Azure が提供するサービスは、多くのコンプライアンス基準を満
たしているが、個々の設定や運用規則は利用者の責任なので、必
ずしも公的な認証が得られるとは限らない

C. Azure が提供するサービスは、コンプライアンス基準を意識して
提供されているわけではない

D. Azure が提供するサービスは、米国内のコンプライアンス基準を
満たしているが、日本の基準は考慮されていない

2 Azure が地域の規則に準拠しているかを確認するため、Azure のデー
タセンターやサービスが取得済みのコンプライアンス基準の調査を
行います。確認のための方法として適切なものを 1 つ選びなさい。

A. Azure ポータル

B. Microsoft Defender for Cloud

C. Service Trust Portal

D. Azure のサポート担当者に連絡して入手する

3 Microsoft Purview の役割について正しく説明した文を1つ選びなさい。

    A.   Azure が準拠しているコンプライアンス基準の情報を提供する

    B.   Azure の仮想マシンと App Service に対して、コンプライアンスサービスを提供する

    C.   Microsoft 365 の各種サービスに対して、コンプライアンスサービスを提供する

    D.   Microsoft 365 の各種サービスと Azure の仮想マシンと App Service に対して、コンプライアンスサービスを提供する

4 特定の国のリージョンでのみ、Azure リソースの作成を許可するために、どの Azure サービスを使用しますか。正しいものを1つ選びなさい。

    A.   ロック

    B.   管理グループ

    C.   Azure Policy

    D.   Service Trust Portal

5 4コア以下の CPU を持つ仮想マシンのみを許可する Azure Policy を定義し、リソースグループ RG に割り当てました。ところが、ポリシーを割り当てたあとになって RG に8コア CPU を持つ仮想マシン VM1 がすでに存在することがわかりました。どのような現象が発生しますか。正しいものを1つ選びなさい。

    A.   仮想マシン VM1 が削除される

    B.   仮想マシン VM1 が停止し、割り当てが解除される

    C.   仮想マシン VM1 のサイズが変化し、8コアから4コアになる

    D.   仮想マシン VM1 のサイズについての監査が記録される

6 社内で利用する Azure サブスクリプションに対して、すべてのリソースにタグ付けを強制したいと考えています。タグの付け忘れを防ぐための手段として、効果的な方法を 1 つ選びなさい。

    A. リソースへのタグ付けを監査する Azure Policy を作成し、サブスクリプションに割り当てる。さらに、タグのないリソースに対してタグを割り当てるスクリプトを作成する

    B. リソースへのタグ付けを監査する Azure Policy を作成し、すべてのリソースグループに割り当てる。さらに、タグのないリソースに対してタグを割り当てるスクリプトを作成する

    C. リソースへのタグ付けを強制する（タグのないリソースを拒否する）Azure Policy を作成し、サブスクリプションに割り当てる

    D. リソースへのタグ付けを強制する（タグのないリソースを拒否する）Azure Policy を作成し、すべてのリソースグループに割り当てる

7 「個人情報を含むアプリケーション PI-APPS」と「公開情報のみを含むアプリケーション PUB-APPS」の 2 種類があり、複数のリソースグループを使って管理されています。組織の規則では PI-APPS と PUB-APPS に対して、それぞれ遵守すべき複数の Azure Policy が必要です。それぞれのポリシーを簡単に管理するためにはどの方法が適切でしょう。1 つ選びなさい。

    A. ポリシー階層を有効にし、複数のポリシーを 1 つにまとめる

    B. ポリシーをまとめてイニシアチブを作成する

    C. ポリシーをまとめてポリシーグループを作成する

    D. リソースグループに対して、必要な複数のポリシーを同時に割り当てる

第**12**章 Azure のガバナンスとコンプライアンス

8
リソースの所有者が誤ってリソースを削除しないようにするには、どの機能を使いますか。最も適切なものを 1 つ選びなさい。

    A.   Azure Policy

    B.   RBAC

    C.   タグ

    D.   ロック

9
リソース R に、ユーザー A が削除ロックを割り当てました。このとき、別のユーザー B が R に対してできることをすべて選びなさい。

    A.   読み取り

    B.   変更

    C.   削除

    D.   A ～ C のどの操作もできない

10
リソースグループ RG に、リソース R1 と R2 が配置されています。RG に削除ロックを設定しました。R1 に対して実行可能な操作をすべて選びなさい。

    A.   読み取り

    B.   変更

    C.   削除

    D.   A ～ C のどの操作もできない

A 解答

1 **B**

Azure が提供するサービスは、米国はもちろん、日本や欧州など多くの
コンプライアンス基準を満たしています。ただし、個々の設定や運用
規則は利用者の責任なので、Azure を使っているからといって、必ずし
も認証が得られるとは限りません。

2 **C**

Service Trust Portal にアクセスすることで、Azure が準拠しているコン
プライアンス基準の情報を入手できます。すべての情報を取得するに
は Microsoft 365、Dynamics 365、Azure のいずれかのサブスクリプショ
ンを持つユーザーによるサインインが必要ですが、サポート担当者に
連絡する必要はありません。Microsoft Defender for Cloud は利用者の
リソースがコンプライアンス基準を満たしているかどうかの監査機能
を含みますが、Azure そのもののレポートは提供しません。

3 **C**

Microsoft Purview は、Microsoft 365 が扱う各種データに対しての
コンプライアンスサービスを提供します。Azure 仮想マシンや App
Service などのコンピュートサービスはサポートしません。コンプライ
アンス基準の情報を提供するのは Service Trust Portal の役割です。

4 **C**

Azure Policy を使うことで、リソースを作成できるリージョンを制限で
きます。ロックは操作ミスの防止のみが可能です。管理グループでロー
ルベースのアクセス制御（RBAC）は可能ですが、リージョンの制限は
できません。Service Trust Portal はマイクロソフトのセキュリティ、
プライバシー、コンプライアンスについてのベストプラクティスや、
ガイドライン、ツールを提供するポータルサイトです。

5 **D**

拒否ポリシーを設定した時点で、拒否すべきリソースがあった場合（こ
の場合は 4 コアを超える CPU を持った仮想マシン）、「拒否」ではなく「監

査」と解釈されます。「変更」と解釈されることはありませんし、ポリシーには仮想マシンサイズを変更する機能はありません。また、Azure Policy にはリソースの削除機能はありません。

6 C

リソースへのタグ付けを強制する Azure Policy をサブスクリプションに割り当てることで、サブスクリプション内のすべてのリソースグループに適用できます。監査では強制することはできませんし、監査結果に応じて動作するスクリプトを作成するのも面倒です。全リソースグループに割り当てるのは手間がかかりますし、新規のリソースグループに自動適用することもできません。

7 B

複数の Azure Policy をまとめて「イニシアチブ」として構成できます。ポリシーには階層がありません。「ポリシーグループ」という機能はありません。複数のポリシーを割り当てることは可能ですが、ポリシー間の関係がわかりにくくなり、管理作業が煩雑になります。

8 D

ロックを設定すると、ロックを削除するまで管理者であっても変更や削除ができなくなるため、誤って変更や削除をしてしまう事故を防げます。Azure Policy ではリソースの設定項目を制限できますが、操作を制限することはできません。RBAC では所有者の権利を制限することはできません。タグにはリソースの利用を制限する機能はありません。

9 A、B

リソースに対するロックはすべてのユーザーに対して有効です。設定したユーザーとは無関係に、削除ロックは「削除」のみが拒否され、「読み取り」と「変更」は許可されます。

10 A、B

リソースグループに対するロックは、リソースグループに配置されたすべてのリソースに影響します。削除ロックは「削除」のみが拒否され、「読み取り」と「変更」は許可されます。

第13章

Azureの管理、
展開、監視

13-1 Azureの管理ツール

管理者はAzureにリソースやサービスを展開するなどの管理タスク
を行うために、いくつかのツールを使用できます。

1 管理ツールの概要

Azure の代表的な管理ツールには以下のものがあります。

- **Azure ポータル**…Web ベースの GUI ツール
- **Azure PowerShell**…コマンドラインツール
- **Azure CLI（コマンドラインインターフェイス）**…コマンドラインツール
- **Azure アプリ**…iOS および Android 用アプリ

Azure ポータルから、後述するコマンドラインインターフェイス Azure Cloud
Shell を開始することもできます。Azure Cloud Shell では Azure PowerShell
と Azure CLI の両方が使えます。

コマンドラインベースのツールでは、管理スクリプトを作成することで、管
理タスクを自動化することもできます。

また、ソフトウェア開発キット（SDK）、Visual Studio、移行用ツールなどのツー
ルも使用できます。第 5 章で説明したとおり、これらのツールはすべて Azure
Resource Manager の機能を呼び出します。

2 Azureポータル

Azure ポータルは、Web ベースの GUI 管理ツールです。Web ブラウザーか
ら「https://portal.azure.com」にアクセスすると使用できます。

Azure ポータルでは、新しくリソースを作成したり、既存のリソースの変更
や削除といった管理操作を手動で行います。

［Azureポータル］

　Azure ポータルにアクセスすると、最初にユーザー資格情報の入力が要求され
ます。Azure サブスクリプションに対する権限を持つ Microsoft Entra ID また
は Microsoft アカウントのユーザー名とパスワードを入力し、接続します。多要
素認証の設定が行われている場合は2番目の認証が要求されます。また、パスワー
ドレス認証が設定されている場合はパスワード入力画面は表示されません。

［ユーザー資格情報の入力］

第 **13** 章

Azure の管理、展開、監視

3 Azure PowerShell

Windows PowerShell に **Azure PowerShell** モジュールを追加すること
で、PowerShell のコマンドレットやスクリプトを使用して Azure サブスク
リプションの管理タスクを実行できます。また、Linux や macOS 上で動作す
る PowerShell をインストールすることにより、Linux や macOS でも Azure
PowerShell を利用できます。

[Azure PowerShell]

使用中の
サブスクリプションの表示

```
PS C:¥> Get-AzSubscription
Name       Id                                    TenantId                          State
従量課金    3d7cc026-ed9e-444b-bfa6-b22eb6797a2a                                    Enabled
MCT        02cd8ea2-0ee4-4a84-8f85-ed71cc70ead7                                    Enabled
PS C:¥> Get-AzVM   作成済み仮想マシンの表示
ResourceGroupName Name   Location   VmSize       OsType  NIC ProvisioningState Zone
CLIENT            mypc   japaneast  Standard_B2ms Windows mypc564  Succeeded
```

Azure PowerShell のインストール方法については https://learn.microsoft.
com/powershell/azure/install-azure-powershell を参照してください。

4 Azure CLI

Azure CLI は、Azure リソースに対する管理コマンドを実行する Windows、
Linux、macOS 上で実行できるクロスプラットフォームコマンドライン管理ツー
ルです。内部的には Python 言語を利用しています。Azure CLI は、どちらかと
いうと Linux ユーザーに好まれるようですが、Windows ユーザーの利用も増え
ています。

[Azure CLI]

Azure CLI のインストール方法については https://learn.microsoft.com/ja-jp/cli/azure/install-azure-cli を参照してください。

5　Azure Cloud Shell（クラウドシェル）

Azure Cloud Shell（クラウドシェル）は、Azure ポータルから開始できる Web ブラウザーベースのコマンドラインインターフェイスです。Azure Cloud Shell では、PowerShell または Bash 環境を選択し、管理タスクを実行できます。Bash は、Linux や UNIX で一般的なコマンド環境です。

Azure Cloud Shell を使用するには**ストレージアカウント**が必要なため、Azure Cloud Shell の初回起動時にはストレージアカウントの作成が求められます。ストレージアカウントは Azure が提供するサービスの1つで、Azure Cloud Shell の実行に必要なコマンドファイルやデータファイルを保存できます。ストレージアカウントの詳細は第8章を参照してください。

第**13**章

Azure の管理、展開、監視

365

[Azure Cloud Shell]

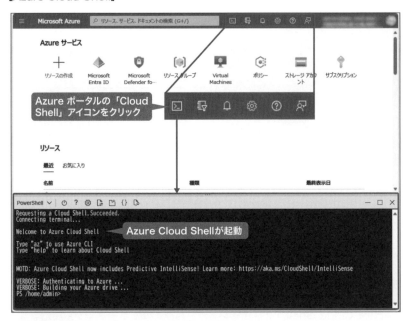

試験対策

Azure Cloud Shell は、Azure ポータルの「Cloud Shell」アイコンをクリックして開始します。

試験対策

Azure の管理には、Web ベースの「Azure ポータル」と、コマンドベースの「Azure PowerShell」および「Azure CLI」があります。Azure ポータル内から「Azure Cloud Shell」を起動して、Azure PowerShell と Azure CLI を利用することもできます。

参考

AZ-900 で出題されることはないはずですが、上位資格（「AZ-104 Azure Administrator」など）では、Azure PowerShell と Azure CLI の両方のコマンドが出題されます。

<table>
<tr><td>6</td><td>Azureアプリ（Azure mobile app）</td></tr>
</table>

iOS（iPad と iPhone）および Android 用には、専用のモバイルアプリとして **Azure アプリ（Azure mobile app）** が提供されます。GUI で提供される機能は構成の表示や監視が中心で、新規作成や変更を行う機能はほとんどありません。しかし、Cloud Shell が実行可能なので、原理的にはどのような作業でも行うことができます。

[Azure mobile app（画面はiPad版）]

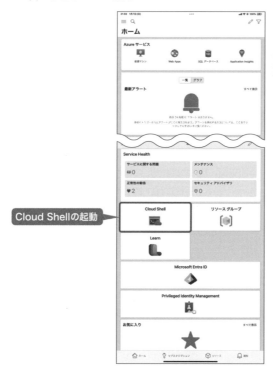

第13章 Azure の管理、展開、監視

試験対策　iOS と Android 用に Azure アプリが提供されており、Azure Cloud Shell も利用できます。

13-2 Azureの展開ツール

Azureリソースの展開と管理を行うサービスが「Azure Resource Manager（ARM）」です。ARMに対する指示は「ARMテンプレート」を使って行います。Azureの管理ツールはARMテンプレートを生成し、ARMに渡すことでAzureを管理しています。ARMテンプレートを直接使うことで、効率のよいリソース展開が可能になります。

1 ARMテンプレートの利用

第5章で説明したように、Azure のリソースは **Azure Resource Manager（ARM）** で管理されています。また、ARM に対する指示は **ARM テンプレート** と呼ばれるファイルを使って行います。Azure 管理ツールの役割は、ARM テンプレートを生成し、ARM に引き渡すことです。

Azure ポータル、Azure PowerShell、Azure CLI は、いずれも ARM テンプレートを利用することで、複数の作業を一括して行えます。たとえば、複数の仮想マシンを一度に作成したり、仮想ネットワークと仮想マシンを同時に作成したりできます。

また、ARM テンプレートを使用すると、複数のネットワークインターフェイスカード（NIC）を持つ仮想マシンや、複数のデータディスクが接続された仮想マシンなど、通常の方法では指定できなかったり、面倒だったりする構成を簡単に指定できます。

［Azure管理ツールとARMテンプレート］

```
┌─────────────────────────────────┐
│         Azure管理ツール          │
└─────────────────────────────────┘
              │
         ┌──────┐
         │ JSON │  ARMテンプレート
         └──────┘
              │
┌─────────────────────────────────┐
│  Azure Resource Manager（ARM）  │
└─────────────────────────────────┘
       │         │         │
  ┌────────┐ ┌────────┐ ┌────────┐
  │ Azure  │ │ Azure  │ │ Azure  │
  │リソース│ │リソース│ │リソース│
  └────────┘ └────────┘ └────────┘
```

　ARM テンプレートは、JSON（JavaScript Object Notation）形式で表記します。JSON 形式は Azure に限らず広く使われていますが、少し煩雑な面があります。マイクロソフトは、JSON を簡略化した **Bicep** という形式も提供しています。

［JSONとBicepの比較］

仮想ネットワークの作成テンプレート（一部抜粋）

JSON

```
"resources": [
    {
        "type": "Microsoft.Network/virtualNetworks",
        "name": "[variables('virtualNetworkName')]",
        "apiVersion": "2021-05-01",
        "location": "[resourceGroup().location]",
        "comments": "Virtual Network",
        "dependsOn": [
            "[variables('networkSecurityGroupName')]"
        ],
        "properties": {
            "addressSpace": {
                "addressPrefixes": [
                    "10.0.0.0/16"
                ]
            },
            "subnets": [
                {
                    "name": "[variables('subnet1Name')]",
                    "properties": {
                        "addressPrefix": "10.0.2.0/24"
                    }
                }
            ]
        }
    }
}
```

Bicep

```
resource virtualNetwork
  'Microsoft.Network/virtualNetworks@2021-05-01' = {
  name: virtualNetworkName
  location: location
  properties: {
    addressSpace: {
      addressPrefixes: ['10.0.0.0/16' ]
    }
    subnets: [
      {
        name: subnetName properties: {
          addressPrefix: '10.0.2.0/24'
        }
      }
    ]
  }
}
```

コラム

Bicep（バイセップ）は何かの略語ではなく1つの英単語で、「上腕二頭筋」を意味します。Azure Resource Manager=ARM=arm（腕）、腕といえば「上腕二頭筋」という連想だそうです。

第 **13** 章　Azure の管理、展開、監視

Azure PowerShell や Azure CLI を使って Azure のリソースを展開する場合は手順を記述します。たとえば、仮想マシンを作成する場合は以下のようなスクリプト（手順）を記述します。

① 仮想ネットワークの確認（もし存在しなければ作成する）
② マネージドディスクの作成
③ ネットワークインターフェイスの作成
④ ネットワークセキュリティグループの作成と割り当て
⑤ 仮想マシンの作成

［手続き型の処理］

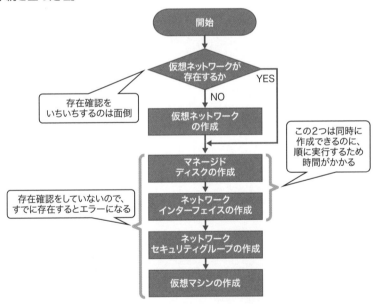

このように順序だてて実行する方法を**手続き型**と呼びます。プログラマにとってはなじみ深い方法ですが、以下のような欠点があります。

・作成順序によってはエラーになる（仮想ネットワークが存在しない状態で仮想マシンは作成できない）

・すでに作成されているリソースがある場合はエラーになる（作成されているかどうかを常に確認する必要がある）
・記述した順に作成されるので時間がかかる（同時に作成できるものがあっても、順番にしか処理されない）

　ARMテンプレートを使ってAzureのリソースを展開する場合は「完成形」を記述します。たとえば、仮想マシンの場合は図のような「状態」を記述します。これを**手続き型**に対して**宣言型**と呼びます。

［宣言型の処理］

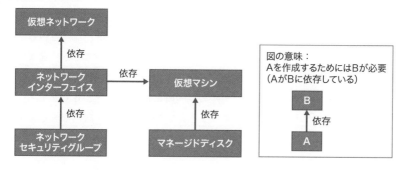

・すべてのリソースを同時に作成する
・リソース間の依存関係を記述しておけば、作成されるまで待つ
・すでに作成されていれば何もしない（エラーにはしない）

　ARMテンプレートでリソースの状態を記述して作成した場合は、以下の利点があります。

・すべてのリソースを同時に作成するので、時間が節約できる
・リソース間の依存関係を記述しておけば、必要なリソースが作成されるまで待つ
・すでに作成されていれば何もしない（エラーにはしない）

　このような性質を持つため、ARMテンプレートを使ったリソース作成は何度実行しても結果が変わりません。必要なリソースは自動的に作成され、作成済みのリソースはそのまま利用されます。このような性質を**べき等性（べきとうせい）**と呼びます。
　AzureポータルやAzure PowerShell、Azure CLIにはARMテンプレートを

第**13**章

Azureの管理、展開、監視

利用してリソース展開を行う機能があります。これにより1回の操作や1つの
コマンドで、ARMテンプレートに従って複数のリソースを一気に作成できます。
ARMテンプレートには、ARMの機能をすべて記述できるので、RBACの指定
やタグの割り当ても同時に行えます。

3 コードとしてのインフラストラクチャ（IaC）

　ARMテンプレートは、複数のファイルに分割して利用することもできます。
これにより、たとえば「テスト用仮想マシン関連テンプレート」「本番用仮想マ
シン関連テンプレート」「仮想ネットワーク関連テンプレート」などといった機
能別に作成しておき、必要に応じてそれらを組み合わせて使うことができます。
　また、リソース名やリージョンなど、展開時に指定したい情報は**パラメーター**
としてテンプレートから分離し、実際の展開時に指定することもできます。パ
ラメーターのみのファイルを作成することもできるので、「一般的な設定を記述
したテンプレート」と「具体的な設定値を含むパラメーター」に分離して管理
できます。

[ARMテンプレートのモジュール化]

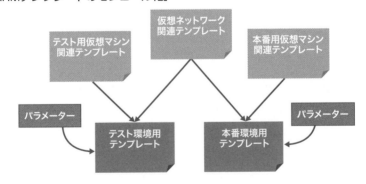

　Azure PowerShellやAzure CLIとARMテンプレートとパラメーターを組み
合わせることで、Azureのあらゆるリソースをコマンドとテキストファイルで構
成できます。これにより、サーバー、ストレージ、ネットワークといったIT基盤（イ
ンフラストラクチャ）のすべてを自動構成することが可能になります。

　このとき、構成用のテキストファイル（AzureではARMテンプレート）は一種のプログラム言語で記述されていると考えられます。つまり「IT基盤の構成をプログラム言語（ARMテンプレートではJSONまたはBicep）で記述した」と見なせるので**コードとしてのインフラストラクチャ（Infrastructure as Code：IaC）**と呼びます。

　従来の手法では、手順書に従って多くのコマンドを順序どおりに実行する必要があります。Infrastructure as Codeでは、構成ファイル（Azureの場合はARMテンプレートとパラメーター）を作成しておけば、1つのコマンドを実行するだけで必要なリソースを自動的に作成してくれます。

第**13**章

Azureの管理、展開、監視

373

13-3 Azure Arc

Azureには、Azure以外のリソース、たとえばオンプレミスにある
サーバーや、他社が提供するパブリッククラウドを扱う機能として
「Azure Arc」が提供されています。Azure Arcを使うことで、さ
まざまな環境のサーバーをAzure仮想マシンのように扱うことがで
きます。

1 Azure Arc対応サーバー

Azure Arc を利用することで、オンプレミスにあるサーバーや、他社が提供
するパブリッククラウドのサーバーを Azure に登録できます。これを **Azure
Arc 対応サーバー**と呼びます。Azure Arc 対応サーバーにするには、Azure
Connected Machine エージェントを各サーバーにインストールします。これに
より、各サーバーは Azure Resource Manager からアクセスできるようになり、
Azure の管理ツールから参照できます。

［Azure Arc対応サーバー］

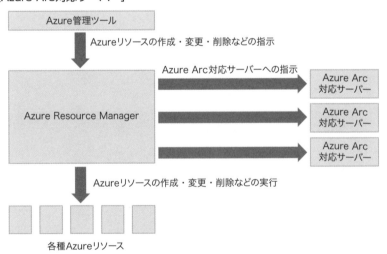

2　Azure ArcとAzure Resource Manager

　Azure Arc 対応サーバーは Azure Resource Manager の管理下にあるため、Azure のリソースと同様の扱いを受けます。そのため Azure の管理ツールから参照できるだけでなく、Microsoft Defender for Cloud によるセキュリティ強化や、後述する Azure Monitor による監視ができるようになります。

第13章 Azure の管理、展開、監視

13-4　Azureの監視ツール

Azureには動作状況を監視し、トラブルが発生したら即座に報告する仕組みがあります。ここでは、Azureの監視とレポート機能について説明します。

1　監視ツールとレポートツール

適切なガバナンスのもとで Azure を利用している場合でも、予期しない事象が発生し、思わぬトラブルが起きることがあります。トラブルを防いだり、トラブルが発生してもすぐに対応できるようにするため、Azure には以下のようなツールが提供されています。

- **Azure Service Health**…Azure そのものにトラブルが起きていないかを監視します。
- **Azure Advisor**…Azure 上に展開したサービスを評価し、アドバイスを提供します。
- **Azure Monitor**…Azure 上に展開したサービスの動作状態を監視します。
- **Azure Alert**…Azure 上に展開したサービスが一定の条件を満たした場合、通知やプログラムの実行をします。
- **Azure Log Analytics**…Azure 上に展開したサービスの動作を一定期間記録し、分析を行います。

Azure を使う場合、定期的に実行したいのは Azure Advisor です。Azure Advisor は、簡単な操作で改善点を指摘してくれます。

何かトラブルらしきものが発生したとき、最初に確認するのは Azure そのものが適切に動作しているかどうかです。これには Azure Service Health を利用します。

Azure に問題がないとわかったら、今度は Azure に展開しているサービスを調査します。このときに役立つのが Azure Monitor です。Azure Monitor を使用すると、アプリケーションの実行状況などを即座に把握できます。

　問題が起きそうなことが事前に予測できている場合は、Azure Alert を設定します。Azure Alert はシステム管理者に通知をするほか、決められたプログラムを実行することもできるので、サービスの再起動などを行って一時的な回避策を実施できます。

　長期間にわたる調査をしたい場合や、原因の根本究明をしたい場合は、長期間にわたって詳細な記録を行う Azure Log Analytics を使います。必要であれば、Log Analytics で得られた結果をほかのツールで詳細に分析することもできます。

2　Azure Service Health

　Azure のインフラは十分堅牢に作られていますが、軽微な障害はときどき発生します。そのため、Azure 自体が正しく動作しているかどうかを監視するツールが提供されています。これが **Azure Service Health(サービス正常性)** です。

　Azure Service Health を使用すると、Azure 上のサービスの状態を確認したり、最近の障害発生状況を追跡したりできます。

[Service Health]

第13章　Azure の管理、展開、監視

Azure Service Health では、以下の 4 つのカテゴリでサービス状態を追跡できます。

- **サービスに関する問題**…Azure サービスに影響のある問題が表示されます。
- **計画メンテナンス**…Azure サービスの可用性に影響のある今後のメンテナンス情報が表示されます。
- **正常性の勧告**…Azure の機能の変更点（アップグレードや機能が非推奨となるなど）が表示されます。
- **セキュリティアドバイザリ**…Azure サービスのセキュリティ関連の通知や違反に関する情報が表示されます。

Service Health を使用すると、使用中のサービスやリソースの正常性状態を簡単に確認できます。「Service Health」は「サービス正常性」と翻訳されています。

Azure ポータルにサインインできない場合は https://status.azure.com/ にアクセスしてください。Service Health の簡易版を利用できます。

3 Azure Advisor

本章ではここまで主に Azure 上で動作するサービスの作成や削除に使う機能を紹介しました。これらのツールを使えば、Azure を使ってアプリケーションを構築できます。しかし、アプリケーションは構築したら終わりではありません。そのサービスは、停止せず、安全に、適切な速度で動いているでしょうか。また、想定していたコストを上回っていないでしょうか。Azure には、こうした運用環境を監視する機能も備わっています。中でも手軽に使えるのが **Azure Advisor** です。

Azure Advisor は、以下の 5 つのカテゴリに関する推奨事項を提供するサービスです。

- **コスト**…無駄なリソースがあるかどうかを確認し、あれば削除を提案します。
- **セキュリティ**…適切なセキュリティ設定が行われているかを確認します。
- **信頼性（可用性）**…適切な可用性が確保されているかを確認します。
- **オペレーショナルエクセレンス**…操作性の改善が必要かどうかを確認します。
- **パフォーマンス**…性能上の問題がないかどうかを確認します。

　Azure Advisor は、単に画面を表示するだけで、展開済みのサービスを自動的に分析し、これらの5つの領域にわたって環境を改善するためのアドバイスを提供してくれます。また、Azure Advisor からの推奨事項は PDF や CSV 形式のファイルとしてダウンロードできます。

［Azure Advisor］

　実際に表示してみると、必要なセキュリティ設定の抜けや、不要な（おそらくは削除し忘れた）サービスを指摘してくれることがわかります。ただし、アドバイスの中には有償サービスの契約が必要なものも含まれます。また、特別なシステム要件を満たすためのものや、セキュリティテストなどで意図的にセ

第13章　Azure の管理、展開、監視

キュリティレベルを落としている場合であっても、そこは考慮せずに指摘されます。Azure Advisorで提供される推奨事項はあくまでも「一般的な推奨」であるため、実際の構成変更は本当に必要な場合にのみ実施してください。たとえば、今は使っていないけれども、将来のためにわざと残しているリソースについてもAzure Advisorは指摘してきます。このような場合は単に無視して構いません。

試験対策　Azure Advisorは、起動するだけで各種の推奨事項を一覧表示してくれます。特別な準備は必要ありません。

試験対策　Azure Advisorで提供される内容はあくまでも推奨事項なので、構成変更などは必要な場合にのみ実施します。

4　Azure Monitor

Azure Monitorは、Azure環境で利用中のサービスやリソースに加え、オンプレミスやほかのクラウド上のリソースを監視する機能を提供します。Azure Monitorでは、Azureのサービスやリソースから次のようなさまざまなデータを収集できます。

- ・アプリケーション監視データ
- ・ゲストOS監視データ
- ・Azureリソース監視データ
- ・Azureサブスクリプション監視データ
- ・Azureテナント監視データ

Azure環境に仮想マシンやWebアプリなどのリソースを展開すると、Azure Monitorにより、これ以降で説明するさまざまなデータの収集が開始されます。

● アクティビティログ

アクティビティログは、管理者による Azure のリソースの作成や変更に関する処理が記録されます。監視したいサービスがあらかじめわかっている場合は、そのサービスの管理画面から表示することもできます。

アクティビティログの保存期間は 90 日です。その期間を超えて保存したい場合は後述する Log Analytics ワークスペースへの自動送信を構成できます。

[アクティビティログ]

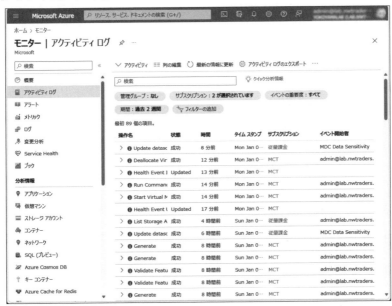

● メトリック

メトリックでは、リソースのパフォーマンスデータを収集しグラフで表示できます。ただし、既定の設定ではあまり多くの情報は表示できません。データの収集先でエージェント（監視機能）をインストールすることで、さまざまな種類のデータを収集できます。さらに「Application Insights」を利用することで、より詳細な分析が可能です。

また、仮想マシンや、Virtual Machine Scale Sets（VMSS）などのコンピューティングリソースの診断を有効にすることでエージェント（監視機能）が追加され、コンピューティングリソースから以下のデータを収集できます。

第13章　Azure の管理、展開、監視

- **エージェント**…診断情報を送信しているエージェントの動作を変更します。
- **パフォーマンスカウンター（Windows）またはメトリック（Linux）**
  …CPU 利用率など、監視したいパフォーマンス情報を指定します。
- **ログ（Windows）または Syslog（Linux）**…システムログやセキュリティ
  ログなど、監視したいログ情報を指定します。
- **イベントトレース（Windows のみ）**…Windows の詳細な実行状況を取得
  します。
- **クラッシュダンプ（Windows のみ）**…特定のプロセス（プログラム）が
  異常終了した場合のメモリ情報を、指定したストレージアカウントに保存
  します。
- **シンク**…診断情報を Application Insights など他のサービスに送信します。

［メトリック：エージェントのインストール］

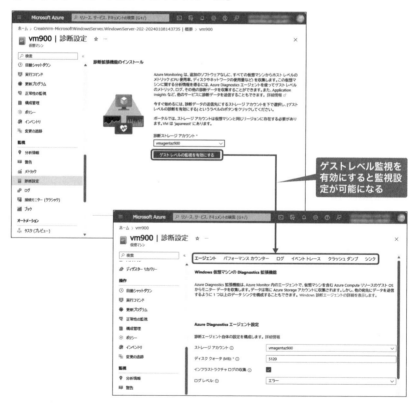

382

[メトリック：CPU利用率の監視例]

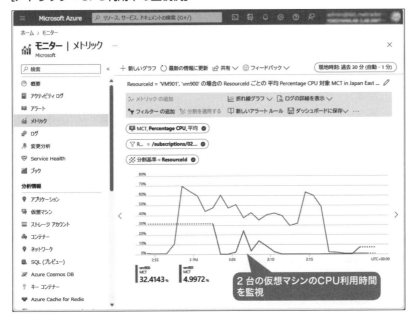

2台の仮想マシンのCPU利用時間を監視

● ログ

　メトリックがリアルタイム性が高く変化する情報を収集するのに対して「ログ」は長期的な離散情報の収集を行います。たとえばネットワークセキュリティグループのアクセス記録はログとして収集できます。このとき、ログの保存先としてLog Analyticsワークスペースという一種のデータベースが必要です。詳細はAzure Log Analyticsの項で説明します。

試験対策

Azure Monitorのメトリックが提供する機能はリアルタイム監視です。また、Log Analyticsワークスペース（後述）が収集したログの分析機能も備えています。

● Application Insights

　Application Insightsは、Azure Monitorのメトリックとログを拡張する機能で、Azure仮想マシンやApp Serviceに対して標準のモニターよりも多くの

第13章　Azureの管理、展開、監視

情報を収集します。

Application Insights を利用する場合は以下のステップが必要です。

① Log Analytics ワークスペース（後述）を作成
② Application Insights を作成し、Log Analytics ワークスペースとリンクする
③ Azure 仮想マシンや Web アプリ（App Service の一種）などの拡張機能として、Application Insights を割り当てる

Web アプリの場合は、Web アプリの管理画面から構成します。仮想マシンの場合は「拡張機能」として Application Insights エージェントをインストールする必要があります。

[Application Insightsの構成（Webアプリ）]

Webアプリで Application Insightsを有効化する場合

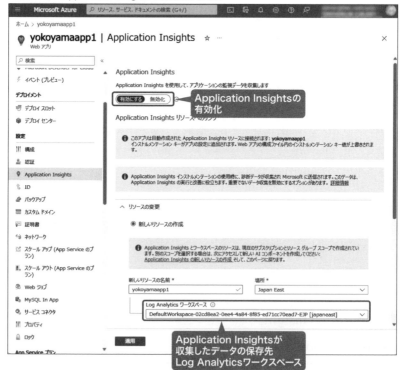

5	Azure Alert

　メトリックやログは手軽に利用できますが、現実の問題として、障害が発生するかどうかを管理者が常に見張っているわけにはいきません。いつ起きるかわからない障害に備え、発生時にすぐさま把握できるように対策するには **Azure Alert** を用います。Azure Alert は Azure Monitor に含まれ、監視対象のサービスやリソースがあらかじめ設定したしきい値を超えた場合に、指定したアクションを実行する機能を提供します。これにより、運用作業の一部を自動化できます。

　Azure Alert は管理者が自由に設定できますが、仮想マシンなど一部のリソースには「推奨されるアラートルール」が用意されています。

[推奨されるアラートルール（仮想マシン）]

　Azure Alert では以下の4つの内容を指定して警告を発生させるルールを作成します。

- **スコープ**…監視対象（仮想マシンなど）
- **条件**…監視条件（メトリックまたはアクティビティログとその値）

385

- **アクショングループ**…条件を満たしたときの通知と動作（メール通知やプログラムの起動など）
- **詳細**…ルール名や保存先のリソースグループなど

アクショングループには、通知機能として電子メール、SMS（携帯電話のショートメッセージ）、音声通話（米国のみ）を指定できるほか、以下のアクションを同時に複数登録できます。

- **Azure Functions**…Azure の「関数アプリ」として登録済みのプログラムを起動します。
- **ロジックアプリ**…さまざまなアプリケーションと連携する機能（Azure Logic Apps）を起動します。
- **Webhook**…あらかじめ指定した URL に HTTP リクエストを送り、外部の Web アプリを起動します。
- **IT Service Manager**…Microsoft System Center Service Manager などのシステム管理ツールと連携します。ITSM コネクターを事前に構成しておく必要があります。
- **Automation Runbook**…Azure のシステム管理スクリプト実行機能「Automation」を起動します。Azure Functions と似ていますが、仮想マシンの起動や停止などのシステム管理作業を容易に構成できます。

試験対策 Azure Alert は、条件を満たしたらアクションを起こすことで、監視と運用の自動化を助けます。

試験対策 「Automation」は、Azure のシステム管理スクリプト実行機能で、主にシステム管理作業の自動化に利用します。

参考 Virtual Machine Scale Sets（VMSS）のスケールアウト／スケールインのトリガーは、内部で Azure Alert の機能を使っています。

6 Azure Log Analytics

Azure Log Analytics は、サービスやリソースのログを収集し、分析するためのサービスです。運用状態の長期的な記録を行うことで、システムの稼働状態を詳細に分析できます。Log Analytics を使用すると、Azure 上のリソースだけでなく、オンプレミスやほかのパブリッククラウド（たとえば AWS）上の仮想マシンのログも収集できます。ただし、Azure 以外のリソースを分析するためには Azure Arc 対応サーバーが必要です。

Azure Log Analytics を使ったログ分析機能は、単に「ログ」と呼ぶこともあります。管理ツールからの操作記録である「アクティビティログ」と異なり、サービスの内部動作の状況などを記録します。

Azure Log Analytics を利用する場合は、リソースの動作状況の保存先として Log Analytics ワークスペースを指定する必要があります。

試験対策 Azure Log Analytics は、Azure 上のリソースだけでなく、オンプレミスや AWS などほかのパブリッククラウドの情報も収集できます。

第13章 Azure の管理、展開、監視

[Azure Log Analytics]

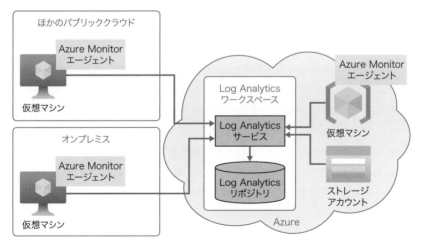

Log Analyticsで監視する場合は、監視対象のサーバーにAzure Monitorエージェントをインストールし、データを収集する必要があります。Azure上のリソースは簡単な作業でエージェントを構成できますが、外部サーバーにはAzure Arc対応サーバーとして構成してからエージェントをインストールする必要があります。

[Azure仮想マシンでAzure Monitorエージェントを有効にする]

仮想マシン以外のリソースの場合は、各リソースの［診断設定］メニューから、Log Analytics ワークスペースを指定するだけで記録を開始できます。

Azure Monitor エージェントが入手したデータは、Log Analytics ワークスペースという一種のデータベースに格納されます。Azure Monitor の「ログ」は、Log Analytics ワークスペースに対する検索機能を提供します。

収集したデータは Azure ポータルの Log Analytics で表示できるほか、外部のツールを使って分析することも可能です。

[AzureリソースでLog Analyticsを利用する]

試験対策

Azure Log Analytics は、運用状態の長期的な記録を行います。

参考

Azure Log Analytics に情報を送信するサービスとして、Azure Monitor エージェントのほかに「Log Analytics エージェント」も提供されています。しかし、Log Analytics エージェントは 2024 年 8 月 31 日で廃止される予定なので、新規に学習する必要はないでしょう。本書では Azure Monitor エージェントのみを扱います。

第
13
章

Azure の管理、展開、監視

Q 演習問題

1 Azure を管理するために Azure ポータルを使用するには、次のうちどの URL を使用しますか。正しいものを 1 つ選びなさい。

    A.   https://admin.azure.com

    B.   https://www.azure.com

    C.   https://portal.azure.com

    D.   https://manage.windowsazure.com

2 Azure に新しく仮想マシンを展開するために、PowerShell スクリプトを作成しました。作成したスクリプトを実行できるのは、次のうちどの環境ですか。正しいものをすべて選びなさい。

    A.   Azure PowerShell モジュールをインストールした Windows マシン

    B.   Azure CLI をインストールした Linux

    C.   PowerShell をインストールした macOS

    D.   Azure ポータルから実行した Azure クラウドシェル

3 複数の NIC と複数のデータディスクが接続された仮想マシンを作成しようとしています。同じ構成の仮想マシンを何度か作成する場合、どのツールを使えばよいですか。最も適切なものを選びなさい。

    A.   Azure CLI にパラメーターを指定したシェルスクリプトを作成する

    B.   Azure CLI または Azure PowerShell にパラメーターを指定したシェルスクリプトを作成する

    C.   Azure PowerShell に ARM テンプレートを指定する

    D.   Azure Advisor 機能を利用して、自動構成スクリプトを作成する

4 オンプレミスの Windows Server を Azure Monitor で監視したい。必要なサービスを 1 つ選びなさい。

    A.   Azure Application Insights

    B.   Azure Arc

    C.   Azure Log Analytics

    D.   Azure Resource Manager

5 Azure の一部リージョンのインフラストラクチャで障害が発生しているように思えます。調査のために使用するツールとして適切なものを 1 つ選びなさい。

    A.   アクティビティログ

    B.   Azure Advisor

    C.   Azure Monitor

    D.   Azure Service Health

6 複数の Azure 仮想マシンを運用していますが、予想以上にコストがかさんでいます。コスト削減のための改善点を探すのに、最も手軽なツールを 1 つ選びなさい。

    A.   Azure Advisor

    B.   Azure Functions

    C.   Azure Monitor

    D.   Azure Resource Manager

第 **13** 章

Azure の管理、展開、監視

7 Azure 仮想マシンの動作状況を、リアルタイムで監視するのに適した
管理ツールはどれですか。適切なものを 1 つ選びなさい。

    A.   アクティビティログ

    B.   Azure Advisor

    C.   Azure Monitor

    D.   Azure Service Health

8 Azure Web アプリについて、標準以上の詳細な動作状況を収集した
い。どのサービスを使う必要がありますか。適切なものを 1 つ選び
なさい。

    A.   Azure Advisor

    B.   Azure Application Insights

    C.   Azure Monitor エージェント

    D.   アクティビティログ

9 Azure 仮想マシンを監視し、CPU 利用率が一定の値を超えたら管理
者にメール通知を行いたい。利用率の検出にはどのようなサービス
を使えばよいですか。適切なものを 1 つ選びなさい。

    A.   Azure Alert

    B.   Azure Automation Runbook

    C.   Azure Functions

    D.   Azure Monitor

10 Azure 仮想マシンについて、長期的な分析をするため Azure Monitor を使用します。どの機能を使えばよいでしょう。最も適切なものを 1 つ選びなさい。

A. Service Health

B. アクティビティログ

C. メトリック

D. ログ

1 C

https://portal.azure.com が正解です。https://manage.windowsazure.
com は「クラシックポータル」と呼ばれ、2018 年で廃止されています。
https://www.azure.com は、Azure の製品サイトヘリダイレクトされま
す。https://admin.azure.com は使用されていません。

2 A、C、D

Azure PowerShell は Windows 標準の PowerShell にインストールでき
るほか、PowerShell をインストールした Linux と macOS で利用できま
す。また、Azure ポータル内のクラウドシェルからも利用できます。

3 C

ARM テンプレートを使うことで、複数のリソースを一括作成したり、
通常の管理ツールでは指定できない構成の仮想マシンを作成したりで
きます。ARM テンプレートは、Azure ポータル、Azure PowerShell、
Azure CLI から使用できます。Azure PowerShell や Azure CLI のパラ
メーター指定では、複数のコマンドを実行する必要があり、実行手順
が ARM テンプレートよりも複雑になりがちです。仮想マシンの自動構
成スクリプトを作成する機能は Azure Advisor にありません。

4 B

Azure Arc は、オンプレミスサーバーや、他社のパブリッククラウド
の仮想マシンを Azure と統合します。これにより、Azure Monitor に
よる監視や、Microsoft Defender for Cloud を使ったセキュリティ監視
が可能になります。Azure Application Insights は Azure Monitor の拡
張機能です。Azure Log Analytics は Azure のサービスやリソースのロ
グを収集するツールで、Azure Monitor から利用します。また、Azure
Resource Manager は、Azure の管理を行うサービスです。いずれも、
Azure Arc を通してオンプレミスサーバーの管理が可能になります。

5 D

Azure のインフラストラクチャで障害が発生しているかどうかを監視するには、Azure Service Health（サービス正常性）を使います。Azure Monitor や Azure Advisor は Azure のインフラストラクチャを監視する機能はありません。問題 7 の解説も参考にしてください。

6 A

Azure Advisor は、コストのほか、セキュリティ、信頼性（可用性）、オペレーショナルエクセレンス、パフォーマンスについての改善案を提示してくれます。Azure Monitor は動作の監視をする機能、Azure Resource Manager は管理機能で、いずれも直接的にコスト分析情報を提供するわけではありません。また、Azure Functions はサーバーレスコンピューティングを提供するサービスで、アドバイザー機能はありません。

7 C

Azure Monitor は主に利用者が作成したアプリケーションや仮想マシンのリアルタイム監視とログ分析に使います。Azure Advisor は利用者が構成したサービスの改善点を指摘するサービス、アクティビティログは利用者の操作記録、Azure Service Health は Azure の動作状況を表示します。いずれも仮想マシンの動作状況をリアルタイムに監視する機能はありません。

8 B

Azure Application Insights を使うことで、Web アプリや仮想マシンに対して標準以上の詳細な情報を収集できます。Azure Monitor エージェントは標準的な動作状況のみを収集します。Azure Advisor はさまざまなヒントを提供しますが、詳細な動作状況は提供しません。アクティビティログは管理操作の記録を提供するもので、Web アプリの動作状況を知ることはできません。

第 **13** 章 Azure の管理、展開、監視

9 **A**

Azure Alert は仮想マシンや App Service を監視し、指定した値を超え
たら警告を通知するサービスです。Azure Alert は Azure Monitor から
利用するため、Azure Monitor でも完全な間違いとはいえませんが、選
択肢から 1 つ選ぶなら Azure Alert です。Azure Automation Runbook
はスクリプトの実行サービス、Azure Functions はサーバーレスコン
ピューティングサービスの一種です。

10 **D**

ログは、Log Analytics ワークスペースに保存されたデータを分析する
機能で、長期的な動作状況を分析できます。これに対して、メトリック
はリアルタイムに近い状況を監視します。アクティビティログは管理
作業の記録で、仮想マシンの動作状況はわかりません。Service Health
は Azure そのものの状況を監視するツールです。

索引
index

索引
index

索引
index

[著者]

横山 哲也 ／よこやまてつや

● トレノケート株式会社でWindows および Azure の研修を担当。著書に『ひと目でわかる Azure 基本から学ぶサーバー＆ネットワーク構築 第 4 版』（日経 BP）などがある。
● 主な保持認定資格
マイクロソフト認定トレーナー（MCT）
Microsoft Certified: Azure Fundamentals
Microsoft Certified: Azure Administrator Associate
Microsoft Certified: Azure Solutions Architect Expert
Microsoft Certified: Azure Network Engineer Associate
Microsoft Certified: Azure Security Engineer Associate
Microsoft Certified: Security, Compliance, and Identity Fundamentals
Microsoft Certified: Windows Server Hybrid Administrator Associate
AWS 認定クラウドプラクティショナー
● 好きなクラウドサービスは仮想マシンイメージ、好きなアイドルは七瀬美優（NoelliL - ノエリル -）。

| トレノケート株式会社

● 1995年より「Global Knowledge Network」としてIT教育を中心とした人材育成サービスを提供。2017年ブランド名および社名をTrainocate（トレノケート）に変更。TrainocateはTrainingとAdvocateの合成語。
● http://www.trainocate.co.jp/

STAFF

編集・制作	株式会社トップスタジオ
表紙デザイン	小口 翔平+畑中 茜+村上 佑佳（tobufune）
本文デザイン	馬見塚意匠室
表紙制作	鈴木 薫
デスク	千葉 加奈子
編集長	玉巻 秀雄

本書のご感想をぜひお寄せください
https://book.impress.co.jp/books/1123101108

読者登録サービス CLUB impress

アンケート回答者の中から、抽選で図書カード（1,000円分）などを毎月プレゼント。
当選者の発表は賞品の発送をもって代えさせていただきます。
※プレゼントの賞品は変更になる場合があります。

■商品に関する問い合わせ先

このたびは弊社商品をご購入いただきありがとうございます。本書の内容などに関するお問い合わせは、下記のURLまたは二次元バーコードにある問い合わせフォームからお送りください。

https://book.impress.co.jp/info/

上記フォームがご利用いただけない場合のメールでの問い合わせ先
info@impress.co.jp

※お問い合わせの際は、書名、ISBN、お名前、お電話番号、メールアドレスに加えて、「該当するページ」と「具体的なご質問内容」「お使いの動作環境」を必ずご明記ください。なお、本書の範囲を超えるご質問にはお答えできないのでご了承ください。

● 電話やFAXでのご質問には対応しておりません。また、封書でのお問い合わせは回答までに日数をいただく場合があります。あらかじめご了承ください。
● インプレスブックスの本書情報ページhttps://book.impress.co.jp/books/1123101108 では、本書のサポート情報や正誤表・訂正情報などを提供しています。あわせてご確認ください。
● 本書の奥付に記載されている初版発行日から3年が経過した場合、もしくは本書で紹介している製品やサービスについて提供会社によるサポートが終了した場合はご質問にお答えできない場合があります。

■落丁・乱丁本などの問い合わせ先
FAX 03-6837-5023
service@impress.co.jp
※古書店で購入されたものについてはお取り替えできません。

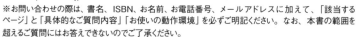

徹底攻略 Microsoft Azure Fundamentals 教科書 ［AZ-900］対応 第2版

2024年6月21日　初版発行

著者　　横山 哲也
発行人　高橋 隆志
編集人　藤井 貴志
発行所　株式会社インプレス
　　　　〒101-0051　東京都千代田区神田神保町一丁目 105 番地
　　　　ホームページ https://book.impress.co.jp/

本書は著作権法上の保護を受けています。本書の一部あるいは全部について（ソフトウェア及びプログラムを含む）、株式会社インプレスから文書による許諾を得ずに、いかなる方法においても無断で複写、複製することは禁じられています。

印刷所　日経印刷株式会社

ISBN978-4-295-01899-5　C3055

Printed in Japan

※本書籍の構造・割付体裁は株式会社ソキウス・ジャパンに帰属します。